식물보호

기사·산업기사

실기 | 한권으로 끝내기

시대에듀

식물보호기사 · 산업기사 실기
한권으로 끝내기

Always with you

사람이 길에서 우연하게 만나거나 함께 살아가는 것만이 인연은 아니라고 생각합니다.
책을 펴내는 출판사와 그 책을 읽는 독자의 만남도 소중한 인연입니다.
시대에듀는 항상 독자의 마음을 헤아리기 위해 노력하고 있습니다.
늘 독자와 함께하겠습니다.

PREFACE

머리말

기후온난화로 인해 외래병해충의 발생이 많아지고 국가 간 국제교역 증가에 따른 화상병과 같은 검역병해충방제 업무 증가 등으로 관련분야의 전문지식과 기능을 갖춘 식물보호기사ㆍ산업기사 자격증 보유자를 찾는 곳이 많아 지고 있습니다.

이에 다양한 분야에서 바쁜 일상을 보내면서 자기개발과 미래의 꿈을 실현하기 위해 노력하시는 분들께 도움이 되고자 시대에듀와 함께 식물보호기사ㆍ산업기사 실기 한권으로 끝내기 도서를 출간하게 되었습니다.

식물보호기사ㆍ산업기사 자격시험은 필기와 실기로 나뉘어 시행되고 있으며 기존의 실기시험은 컴퓨터를 이용 한 필답과 현미경, 농약희석 등과 같은 실무적인 부분을 평가했지만, 최근 필답형 시험으로 변경되었습니다. 이 에 따라 수험생들이 보다 수월하게 새로운 시험을 대비할 수 있도록 관련 내용을 구성하였습니다.

본 도서의 특징

① 출제기준을 분석하여 꼭 학습해야 하는 핵심이론만을 수록하였고 적중예상문제를 엄선하여 수험생의 학습을 돕고자 하였습니다.
② 기출복원문제와 상세한 해설을 수록하여 수험생 스스로 출제경향을 파악하는 것은 물론 학습방향을 세울 수 있도록 하였습니다.

자격증을 취득하기 위하여 꾸준히 학습하는 과정에서 관련분야 직무역량이 향상되고 자격취득 후 보다 발전된 본 인의 모습을 발견할 수 있는 기쁨이 함께하시길 응원합니다.

편저자 농화학ㆍ시설원예기술사 박정호

시험안내

식물보호기사 ─────────────

진로 및 전망

농촌진흥청, 산림청, 식물검역소, 농업기술연구소, 농약연구소, 농약자재검사소, 농산물검사소, 식물검역소, 작물시험장, 식품연구소, 임업시험장 등의 공공기관과 농약회사, 종묘회사, 농약판매상, 종자보급소 등으로 진출하거나 독자적으로 운영할 수 있다.

시험일정

구 분	필기원서접수 (인터넷)	필기시험	필기합격 (예정자)발표	실기원서접수	실기시험	최종 합격자 발표일
제1회	1.13~1.16	2.7~3.4	3.12	3.24~3.27	4.19~5.9	6.13
제2회	4.14~4.17	5.10~5.30	6.11	6.23~6.26	7.19~8.6	9.12
제3회	7.21~7.24	8.9~9.1	9.10	9.22~9.25	11.1~11.21	12.24

※ 상기 시험일정은 시행처의 사정에 따라 변경될 수 있으니 www.q-net.or.kr에서 확인하시기 바랍니다.

시험요강

❶ 시행처 : 한국산업인력공단
❷ 관련 학과 : 대학 및 전문대학의 원예학과, 화훼원예과, 농(업)생물학과, 자원식물학과, 농화학과 등
❸ 시험과목
  ㉠ 필기 : 식물병리학, 농림해충학, 재배원론, 농약학, 잡초방제학
  ㉡ 실기 : 식물보호 실무
❹ 검정방법
  ㉠ 필기 : 객관식 4지 택일형, 과목당 20문항(2시간 30분)
  ㉡ 실기 : 필답형(2시간 30분)
❺ 합격기준(필기 · 실기)
  ㉠ 필기 : 100점을 만점으로 하여 과목당 40점 이상, 전 과목 평균 60점 이상
  ㉡ 실기 : 100점을 만점으로 하여 60점 이상

자격취득자 혜택

- 공무원 시험 가산점 인정 및 일부 특채 지원자격 획득
- 학점인정 등에 관한 법률에 따라 20학점 인정
- 관련 기업 취업이나 승진 시 인사고과 혜택
- 각종 법률에 따른 우대조건 적용

INFORMATION

식물보호산업기사

진로 및 전망

농촌진흥청, 산림청, 식물검역소 등 공공기관과 농약판매상, 종자보급소 등으로 진출하거나 독자적으로 운영할 수 있다.

시험일정

구 분	필기원서접수 (인터넷)	필기시험	필기합격 (예정자)발표	실기원서접수	실기시험	최종 합격자 발표일
제1회	1.13~1.16	2.7~3.4	3.12	3.24~3.27	4.19~5.9	6.13
제2회	4.14~4.17	5.10~5.30	6.11	6.23~6.26	7.19~8.6	9.12
제3회	7.21~7.24	8.9~9.1	9.10	9.22~9.25	11.1~11.21	12.24

※ 상기 시험일정은 시행처의 사정에 따라 변경될 수 있으니 www.q-net.or.kr에서 확인하시기 바랍니다.

시험요강

❶ 시행처 : 한국산업인력공단
❷ 관련 학과 : 대학 및 전문대학의 원예과, 화훼원예과, 농(업)생물학과, 농화학과 등
❸ 시험과목
　㉠ 필기 : 식물병리학, 농림해충학, 농약학, 잡초방제학
　㉡ 실기 : 식물보호 실무
❹ 검정방법
　㉠ 필기 : 객관식 4지 택일형, 과목당 20문항(2시간)
　㉡ 실기 : 필답형(2시간)
❺ 합격기준(필기 · 실기)
　㉠ 필기 : 100점을 만점으로 하여 과목당 40점 이상, 전 과목 평균 60점 이상
　㉡ 실기 : 100점을 만점으로 하여 60점 이상

자격취득자 혜택

- 공무원 시험 가산점 인정 및 일부 특채 지원자격 획득
- 학점인정 등에 관한 법률에 따라 16학점 인정
- 관련 기업 취업이나 승진 시 인사고과 혜택
- 각종 법률에 따른 우대조건 적용

식물보호기사

실기 과목명	주요 항목	세부항목	세세항목
식물 보호 실무	피해의 원인 파악	피해증상 조사하기	• 피해사진 또는 유해생물의 사진을 보고 병원체, 해충, 잡초 등을 진단할 수 있다. • 비생물적 피해의 종류를 파악하고 원인 및 피해 정도를 조사할 수 있다.
		피해진단 결과 증명하기	• 피해 개체 및 조직으로부터 병원 및 해충을 분리할 수 있다. • 병원체, 해충, 잡초 등을 동정할 수 있다. • 다양한 진단장비를 활용할 수 있다.
	방제	생태적(경종적) 방 제 방법 적용하기	• 주로 발생하는 병해충 · 잡초의 생리 · 생태를 고려하여 적절한 방제 방법을 결정할 수 있다. • 동일한 작물의 연속재배를 피하고 윤작 및 답전윤환을 실시할 수 있다. • 저항성 품종을 선택할 수 있다. • 주위에 병해충의 중간기주가 될 수 있는 식물을 파악하고 제거할 수 있다.
		물리적 · 기계적 방제 방법 적용하기	• 인위적인 열 또는 태양열에 의한 토양소독을 실시할 수 있다. • 유아등 등을 이용하여 해충을 방제할 수 있다.

		화학적 방제 방법
		적용하기
			• 기주 및 적용 대상(병, 해충, 잡초)에 따라 적절한 약제를 선택하여 방제할 수
			  있다.
			• 사용목적, 사용형태, 화학적 조성에 따라 농약을 구분할 수 있다.
			• 해충 · 잡초에 따라 농약의 종류 및 농도를 달리하여 사용여부를 결정할 수 있다.
			• 살포량, 살포횟수 및 살포시기를 계획할 수 있다.
			• 배액 조제 방법 등을 적용하여 살포제를 희석할 수 있다.
			• 농약 살포 시 중독사고를 예방하기 위하여 사전에 주위 환경을 고려한 보호장
			  비 등을 준비할 수 있다.

		생물적 방제 방법 적용하기	• 식물 병해충의 방제에 미생물, 천적 등을 사용할 수 있다.
		영양불균형 개선하기	• 재배지의 토양시료를 채취할 수 있다. • 토양의 pH 및 EC를 측정할 수 있다. • 토양의 다량원소 및 미량원소 함량을 측정할 수 있다. • 토양의 물리성을 분석할 수 있다. • 부족한 양분은 비료로 공급할 수 있다. • 토양으로부터 양분을 흡수하기 어려운 상태일 경우 엽면살포할 수 있다. • 토양의 물리성이 불량할 경우 객토, 배수, 토양개량제 등을 통하여 개량할 수 있다.
	재배	환경관리하기	• 토양관리를 할 수 있다. • 수분관리를 할 수 있다. • 대기관리를 할 수 있다. • 온도관리를 할 수 있다. • 광 관리를 할 수 있다.
		재배기술 이해하기	• 재배관리를 할 수 있다.
		재해관리하기	• 기온재해에 대한 대처를 할 수 있다. • 습해에 대한 대처를 할 수 있다. • 동해에 대한 대처를 할 수 있다. • 풍해에 대한 대처를 할 수 있다. • 상해에 대한 대처를 할 수 있다. • 기타 재해에 대한 대처를 할 수 있다.
	식물보호 관련 법규	식물보호 관련법 이해하기	• 농약관리법을 이해할 수 있다. • 식물방역법을 이해할 수 있다.

식물보호산업기사

실기 과목명	주요 항목	세부항목	세세항목
식물 보호 실무	피해의 원인 파악	피해증상 조사하기	• 피해사진 또는 유해생물의 사진을 보고 병원체, 해충 등을 진단할 수 있다. • 비생물적 피해의 종류를 파악하고 원인 및 피해정도를 조사할 수 있다.
		피해진단 결과 증명하기	• 피해 개체 및 조직으로부터 병원 및 해충을 분리할 수 있다. • 분리된 병원체 및 해충을 동정할 수 있다.
	방제	방제 방법 적용하기	• 주로 발생하는 병해충의 생태를 고려하여 적절한 방제 방법을 결정할 수 있다. • 동일한 작물 및 수목의 연속재배를 가급적 피하고 윤작을 실시할 수 있다. • 저항성 품종을 선택할 수 있다. • 주위에 병해충의 중간기주가 될 수 있는 식물을 파악하고 제거할 수 있다.
		물리적 · 기계적 방제 방법 적용하기	• 유아등 등을 이용하여 해충을 방제할 수 있다. • 다양한 방법을 사용하여 치료할 수 있다.
		화학적 방제 방법 적용하기	• 기주 및 적용 대상(병, 해충)에 따라 적절한 약제를 선택하여 방제할 수 있다. • 사용목적, 사용형태, 화학적 조성에 따라 농약을 구분할 수 있다. • 병해충에 따라 농약의 종류 및 농도를 달리하여 사용여부를 결정할 수 있다. • 살포량, 살포횟수 및 살포시기를 계획할 수 있다. • 배액 조제 방법 등을 적용하여 살포제를 희석할 수 있다. • 농약 살포 시 중독사고를 예방하기 위하여 사전에 주위 환경을 고려한 보호장비 등을 준비할 수 있다.
		생물적 방제 방법 적용하기	• 병원균이나 해충에 기생하는 병원성 미생물이나 포식성 곤충 또는 동물을 활용할 수 있다. • 병해충의 방제에 미생물, 천적 등을 사용할 수 있다.
	재배관리	환경관리하기	• 토양관리를 할 수 있다. • 수분관리를 할 수 있다. • 대기관리를 할 수 있다. • 온도관리를 할 수 있다. • 광 관리를 할 수 있다.
		재해관리하기	• 기온재해에 대한 대처를 할 수 있다. • 습해에 대한 대처를 할 수 있다. • 동해에 대한 대처를 할 수 있다. • 풍해에 대한 대처를 할 수 있다. • 상해에 대한 대처를 할 수 있다. • 기타 재해에 대한 대처를 할 수 있다.
		재배기술 이해하기	• 재배관리를 할 수 있다.

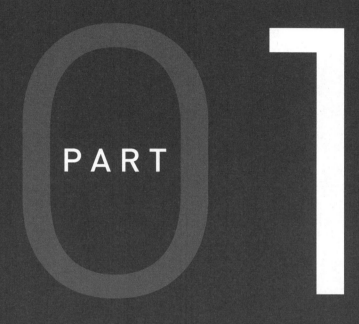

PART

01

식물보호 실무

CHAPTER 01 피해의 원인 파악

1 피해증상 조사하기

(1) 병원체, 해충, 잡초 진단

① 수목의 생물적 피해 원인

㉠ 병원체

- 진균 : 사상균 또는 곰팡이
- 세균 : 세포벽을 가지며, 이분법으로 증식
- 바이러스 : 핵산과 단백질로 이루어진 병원체
- 파이토플라스마 : 세포막이 없고 일종의 원형질막으로 둘러싸여 있음
- 바이로이드 : 한 가닥의 핵산 RNA로만 구성된 병원체

> **참고** **병원체의 크기** : 진균(곰팡이) > 세균 > 바이러스 > 바이로이드

㉡ 해충

- 기생성 고등식물, 선충 등
- 해충의 구분
  - 가해방법 : 식엽성 해충, 흡즙성 해충, 천공성 해충, 충영형성해충, 토양해충
  - 가해부위 : 종실해충, 새순 가해 해충, 묘목해충, 잎 가해 해충, 줄기와 표피 가해 해충, 뿌리 가해 해충

가해부위	해충	특징
종실(구과)해충	밤바구미, 복숭아명나방, 백송애기잎말이나방, 솔알락명나방	벌레구멍, 기형, 벌레똥, 수액 누출
눈, 새순 가해 해충	밤바구미, 복숭아명나방, 백송애기잎말이나방, 솔알락명나방	벌레구멍, 기형, 벌레똥, 수액 누출
잎 가해 해충	솔나방, 솔잎혹파리, 진딧물류, 깍지벌레류, 응애류	변색, 식흔, 벌레똥, 잎의 기형, 벌레 혹, 개미 집결
가지 가해 해충	깍지벌레류, 나무좀류, 진딧물류, 황철나무알락하늘소, 말매미	변색, 가지총생, 가지고사, 갱도, 벌레똥, 개미의 집결
뿌리와 지제부 가해 해충	굼벵이(풍뎅이)류, 하늘소류, 나무좀류	변색, 수액 누출, 수피 밑 공동, 목분배출
줄기와 인피부 가해 해충	나무좀류, 솔껍질깍지벌레, 바구미류, 하늘소류	변색, 수지 누출, 나무가루, 갱도, 구멍, 수피 및 공동
목재 가해 해충	하늘소류, 흰개미, 가루나무좀, 바구미류 등	나무가루, 작은 구멍, 수지 누출, 갱도 등

② 생물적 피해증상
　㉠ 병해
　　• 식물체의 잎, 가지, 꽃, 열매 등에 색 변화, 조직의 변형 또는 고사에 따른 변색, 시들음, 적변, 부패, 혹, 궤양, 조기낙엽 등 병징을 나타낸다.
　　• 피해 부위 및 개체 전체에서 병징을 나타낸다.
　　• 곰팡이는 포자, 균사 등의 표징을 나타내기도 한다.
　㉡ 충해
　　• 피해 부위에서 유충, 알, 식흔 등 해충의 흔적, 탈피각, 탈출공, 배설물, 톱밥 등을 나타낸다.
　　• 식물체의 잎말림, 기형과, 부패, 엽초와 줄기사이 흡즙, 뿌리의 혹, 고사 등 증상이 있다.

③ 병징과 표징
　㉠ 병징(symptom) : 식물체가 어떤 원인에 의하여 그 식물체의 세포, 조직, 기관에 이상이 생겨 외부형태에 어떤 변화가 나타나는 반응으로 상대적인 개념이다.
　　• 국부병징 : 병징이 식물체의 일부 기관에 국한되어 나타남 → 점무늬병, 혹병
　　• 전신병징 : 병징이 전 식물체에 나타남 → 시들음병, 바이러스병, 오갈병, 황화병

세균병	• 무름병 　– 상처를 침입한 병균이 효소(펙티나아제)를 분비해 기주세포의 중층을 분해하며 삼투압에 변화가 생겨 기주세포는 원형질분리를 일으켜 죽게 됨 　– 물이 많은 조직에서 부패와 악취의 무름현상이 나타남 예 배추 무름병 • 점무늬병 : 기공으로 침입해 증식한 세균이 인접 유조직세포를 파괴해 여러 모양의 점무늬를 이룸 예 콩 세균성점무늬병 • 잎마름병 : 세균이 유관 속 조직의 도관부를 침입해 식물 기관의 일부 또는 전체가 말라 죽음 예 벼 흰빛잎마름병 • 시들음병 : 침입한 세균이 물관에서 증식하여 수분의 상승을 저해 예 토마토 풋마름병 　– 1차 병징 : 뿌리가 갈색으로 변하는 것 　– 2차 병징 : 시들음 • 세균성혹병 : 세균이 기주세포를 자극해 병환부를 이상증식시킴 예 사과 근두암종병
바이러스병	성장 감소에 따른 왜소, 위축 등이 나타나며 전신에 퍼져 전신병징을 나타내는 경우가 많다. • 외부병징 : 모자이크, 색소체 이상(변색), 위축, 괴저, 기형, 왜화, 잎말림(오갈병), 암종, 돌기 등 • 내부병징 : 엽록체의 수 및 크기 감소, 식물 내부 조직 괴사 등 • 병징은폐 : 바이러스에 감염이 되어도 병징이 나타나지 않는 현상 ※ 담배 모자이크바이러스(TMV)를 글루티노사종 담배에 접종하면 국부반점이 나타난다.
파이토플라스마병	빗자루병이나 오갈병처럼 위축 등의 병징이 나타난다.

ⓛ 표징(sign) : 병원체가 병든 식물의 표면에 곰팡이, 균핵, 점질물, 이상 돌출물 등이 나타나서 눈으로 가려낼 수 있는 특징이나 상징으로 볼 수 있다. 그러므로, 비전염성병이나 바이러스병, 바이로이드, 파이토플라스마병은 표징이 나타나지 않는다.

- 자주날개무늬병 : 뿌리나 줄기의 땅과 표면에 자주색 실이나 그물 모양의 막을 만든다.
- 흰날개무늬병 : 뿌리가 썩으며 그 표면에 회백색 실이나 깃털 모양의 것들이 엉켜 붙는다.
- 그을음병 : 잎, 가지, 열매 등의 표면에 더러운 그을음이 생긴다.
- 맥각병 : 화본과(벼, 보리, 밀 등) 작물의 꽃으로부터 자흑색, 뿔 모양의 단단한 덩어리가 생긴다.
- 균핵병 : 말라 죽은 조직 속 또는 표면에 검은 쥐똥 같은 덩어리가 생긴다.
- 노균병 : 잎 뒷면에 흰서리 또는 가루 모양의 곰팡이가 생기고 표면은 약간 누렇게 된다.
- 잿빛곰팡이병 : 열매, 꽃, 잎이 무르고 그 표면에 쥐털 같은 곰팡이가 생긴다.
- 흰가루병 : 잎, 어린 가지 등의 표면에 흰가루를 뿌린 듯한 모습이 나타난다.
- 녹병 : 여름포자 세대에는 잎에 황색, 적갈색 등의 가루가 나는 병반이 많이 생긴다.
- 깜부기병 : 대체로 이삭에 발병하고 환부에 검은 가루가 날린다.

(2) 주요 식물병

① 벼 병해의 분류

병명	병원균	전파	월동형태 및 장소	특징
벼 도열병	진균 (불완전균류)	바람(종자)	균사, 분생포자로 볏짚, 병든 종자에서 월동	저온다습에서 다발, 규소 시비로 예방
벼 잎집무늬 마름병	진균(담자균류)	물	균핵 상태로 땅 위에서 월동(고온다습 다발생)	균핵과 담포자 형성
벼 흰잎마름병	간균, 단극모, 그람음성 배지에서 황색	물	잡초(겨풀류)나 벼의 그루터기에서 월동	태풍과 침수 후 발생
벼 줄무늬 잎마름병	바이러스	애멸구	잡초, 밀밭, 자운영밭 등에서 유충의 형태로 월동	경란전염, 매개충의 구제
벼 깨씨무늬병	진균(자낭균류)	바람(종자)	포자나 균사의 형태로 병든 볏짚이나 볍씨에서 월동	사질논, 노후화답에서 발생
벼 키다리병	진균(자낭균류)	바람(종자)	분생포자의 형태로 종자표면에서 월동	지베렐린(GA) 분비
벼 모썩음병	진균(조균류)	물	난포자로 토양에서 월동	상자육묘에서 많이 발생
벼 오갈병	바이러스	끝동매미충 번개매미충	매개충이 잡초, 밀밭, 자운영밭 등에서 약충의 형태로 월동	경란전염
벼 검은줄무늬 오갈병	바이러스	애멸구	매개충이 잡초, 밀밭, 자운영밭 등에서 약충의 형태로 월동	물집처럼 생긴 흑갈색 돌기
벼 세균성 알마름병	세균	물(종자)	종자에서 월동	종자전염

병명	병원균	전파	월동형태 및 장소	특징
벼 이삭누름병	진균(자낭균류)	바람	균핵, 후막포자 상태로 토양에서 월동	일명 풍년병이라 함
벼 모잘록병	진균	물, 토양	난포자의 상태로 병든 조직, 토양에서 월동	상자육묘에서 많이 발생

참고 종자전염 : 도열병, 깨씨무늬병, 키다리병, 세균성알마름병

② 맥류 및 기타 작물 병해의 분류

병명	병원균	전파	월동형태 및 장소	특징
보리·밀 겉깜부기병	진균(담자균류)	바람	균사 상태로 종자에서 월동 → 꽃에 침입	후막포자 발아 전 균사 형성
보리 속깜부기병	진균(담자균류)	바람	균사 상태로 종자에서 월동	잎집을 통해 침입
맥류 흰가루병	진균(자낭균류)	바람	균사, 자낭포자의 형태로 병든 잎에서 월동	자낭각 형성
맥류 붉은곰팡이병 (벼, 옥수수)	진균(자낭균류)	비, 바람	분생포자, 균사, 자낭포자의 형태로 병든 종자, 밀짚 등에서 월동	곰팡이 독소
맥류 줄기녹병	진균(담자균류)	바람	겨울포자는 마른 밀짚에서 월동 → 이종기 생성	중간기주(매자나무)
호밀 맥각병	진균(자낭균류)	바람	균핵의 형태로 땅 위에서 월동	유독 알칼로이드 생성
콩 세균성 점무늬병	세균 단극모	빗물	병든 종자 표면에서 월동	저온다습, 종자전염
콩 탄저병	진균(자낭균류)	빗물	균사의 형태로 병든 종자에서 월동	다습한 수확기에 발생
콩 자줏빛무늬병 종자·잎·줄기· 꼬투리	진균 (불완전균류)	비, 바람	균사의 형태로 병든 종자나 병든 식물에서 월동	종자 외관이 나빠짐
담배 모자이크병	바이러스(간상)	접촉전염	토양 내의 병든 잔재, 종자의 표면에서 월동	이식, 순지르기 등 접촉 전염
담배 불마름병	세균	접촉전염	병든 식물의 잎, 토양, 종자 등에서 월동 → 생육말기 발생	간상형 세균독소 생성
담배 역병	진균(조균류)	바람, 물	땅 속에서 난포자 형태로 월동	고온, 침수 시 다발생

참고 *Aspergillus flavus* : 저장곡물에 Aflatoxin이라는 곰팡이 독소를 생산하는 균

③ 감자 바이러스병의 종류

바이러스	전염형태
• PVY(Potato Virus Y)	충매전염(복숭아혹진딧물), 즙액전염, 접촉전염
• PVX(Potato Virus X)	즙액전염, 접촉전염
• PVM(Potato Virus M-mosaic) • PVS(Potato Virus S-mosaic)	Carlavirus에 속하는 바이러스병으로 최근 감자 채종지대에서 산발적으로 발생
• PMTV(Potato Mop-Top Virus) • TRV(Tobacco Rattle Virus)	곰팡이와 토양선충에 의해 매개되는 두 입자로 구성된 바이러스

④ 서류 병해의 분류

병명	병원균	전파	월동형태 및 장소	특징
감자 역병	진균 (조균류)	바람, 관개수, 씨감자	균사로 흙 속의 병든 감자나 씨감자에서 월동 → 저온다습	습기 많고 냉랭한 시기에 발생
감자 더뎅이병	세균	바람, 물, 오염된 흙	병든 씨감자와 흙 속에서 월동	알칼리성 토양에서 다발
감자 둘레썩음병	세균	씨감자, 농기구, 곤충	병든 씨감자(덩이줄기)에서 월동 식물전체 발병	그람양성세균
감자 잎말림병	바이러스	복숭아혹진딧물, 감자수염진딧물	괴경(塊莖)에서 월동	즙액전염 아닌 매개충 전염
고구마 검은무늬병	진균 (자낭균류)	씨고구마, 농기구 등	균사의 형태로 병든 괴근이나 땅 속에서 월동	아포메아마론독소
고구마 무름병	진균 (조균류)	공기, 토양, 씨고구마	공기, 토양, 저장고 등에 존재	포자낭 포자와 접합 포자 형성

⑤ 채소류 병해의 분류

병명	병원균	기주	월동형태 및 장소	특징
가지 풋마름병	세균	감자, 가지, 토마토, 고추	병든 식물의 잔재에서 월동, 뿌리감염, 경엽 전체 녹색, 시들음	토양전염, 고온다습, 산성토양에서 다발생
오이 풋마름병	세균	오이, 멜론, 호박	매개충의 체내에서 월동(상처침입)	매개충(오이잎벌레)
채소 세균성무름병	세균	고추, 무, 배추, 마늘	이병식물의 잔재나 토양 등에서 월동	펙틴분해효소 분비
수박 탄저병	진균 (불완전 균류)	수박, 참외, 오이, 멜론	균사, 분생포자의 형태로 병든 부분이나 종자에 붙어서 월동	잎, 덩굴, 열매에 발생 → 과습 시 발생
고추 탄저병	진균 (자낭균류)	고추, 사과, 포도	균사, 분생포자, 자낭각의 형태로 병든 열매나 나뭇가지에서 월동 → 비바람 전반	고온다습, 성숙기에 발생
고추 역병	진균(조균류)	고추, 토마토, 가지, 호박	난포자로 토양 중에서 월동 → 저온다습한 장마철	토양전염성, 물을 통해 전염
오이 노균병	진균(조균류)	오이, 참외, 호박, 수박	주년 재배지에서는 분생포자로 토양에서 월동 → 기공 침입	바람과 물을 통해 전염 (유주자 형성)
무·배추 노균병	진균(조균류)	십자화과 작물	균사나 난포자 형태로 병든 잎에서 월동	저온다습, 공기전염

병명	병원균	기주	월동형태 및 장소	특징
오이 덩굴쪼김병	진균	수박, 오이, 참외, 수세미 등	균사나 후막포자의 형태로 땅 속에서 월동, 사질토양 피해	토양전염의 연작 방지, 접목재배를 통한 방제
토마토 시들음병	진균 (불완전균류)	토마토	균사나 후막포자의 형태로 땅 속에서 월동, 뿌리를 침해	줄기 물에 담그면 흰색 점액배출
무·배추 무사마귀병	점균(끈적균)	무, 배추, 양배추 등	휴면포자로 토양에서 월동(시들음 → 전신병징)	저온다습, 산성토양에서 다발 → 석회사용
잿빛곰팡이병	진균 (불완전 균류)	딸기, 오이, 고추, 사과, 포도	균핵이나 분생포자의 형태로 병든 식물이나 흙에서 월동	저온다습에서 다발생
균핵병	진균 (자낭균류)	오이, 감자, 배추, 토마토, 콩	균핵의 형태로 병든 식물이나 토양에서 월동 → 시설재배지	저온다습
오이 흰가루병	진균 (자낭균류)	오이, 호박, 참외, 팥	자낭구의 형태로 병든 조직에서 월동	고온건조 시 시설재배에서 다발생
토마토 잎곰팡이병	진균 (불완전 균류)	토마토	균사덩이의 형태로 종자 표면에서 월동 → 기공 침입	영양부족, 시설재배

⑥ 과수류 병해의 분류

병명	병원균	기주	월동형태 및 장소	특징
사과나무 갈색무늬병	진균 (자낭균류)	사과나무	균사, 자낭포자의 형태로 병든 잎에서 월동 → 각피 침입	조기낙엽 원인
사과나무 부란병	진균 (자낭균류)	사과나무	병포자나 자낭포자의 형태로 병든 가지에서 월동 → 상처 침입	껍질이 벗겨지고 알코올 냄새가 남
사과나무 검은별무늬병	진균 (자낭균류)	사과나무, 배나무	균사나 분생포자의 형태로 병든 잎이나 가지에서 월동	질소질 비료 다비 시 다발생
배나무·사과나무 붉은별무늬병	진균 (담자균류)	사과나무, 배나무, 모과나무	겨울포자퇴로 향나무에서 월동, 잎 앞면(녹병자기), 뒷면(녹포자기)	이종기생, 향나무와 기주교대, 순활물기생
배나무 검은무늬병	진균 (불완전균류)	배나무	균사의 형태로 병든 잎이나 가지 등에서 월동, 저온다습/20℃ → 각피, 기공, 피목 침입	기주특이적, AK 독소 분비
배나무 화상병 (불마름병)	세균	배나무, 사과나무	병든 나뭇가지나 줄기에서 월동	최초로 발견된 세균성 식물병
복숭아나무 잎오갈병	진균 (자낭균류)	복숭아나무	분생포자의 형태로 나무줄기나 눈 위에서 월동	잎이 나오기 직전에 방제
복숭아나무 세균성구멍병	세균	복숭아, 자두, 살구	나뭇가지의 병환부에서 월동 → 잎, 가지, 과실	비바람에 의해 전파 → 상처, 기공 침입
포도나무 새눈무늬병	진균 (자낭균류)	포도나무	균사의 형태로 병든 덩굴, 열매에서 월동	열매의 병반이 새의 눈처럼 보임

※ 향나무 녹병균 : 겨울포자퇴를 형성하며, 하포자를 형성하지 않는다.
※ 사과나무 고접병 : 접목에 의해 전염되는 바이러스병

⑦ 수목류 병해의 분류

구분	병명	병원균	기주	월동형태 및 장소	특징
모 포 병 해	모잘록병	진균 (조균류)	소나무, 낙엽송, 참나무류	난포자의 상태로 병든 조직, 토양에서 월동 : 파종묘포에서 많이 발생	병징에 따라 5가지로 나눔
	뿌리썩이선충병	선충	소나무, 낙엽송, 가문비나무, 분비나무	이동성 내부기생선충으로 뿌리 조직 내에서 월동	모잘록병과 함께 발생
	뿌리혹병 (근두암종병)	세균	밤나무, 감나무, 포도나무, 사과나무, 포플러류	병환부에서 월동하고 땅 속에서 다년간 생존, 고온다습, 알칼리성 토양에서 다발	밤나무, 감나무의 지표 식물, 길항미생물 → *Agrobacterium radiobacter*
침 엽 수 병 해	소나무 재선충병	선충	소나무, 잣나무, 해송	매개충 : 솔수염하늘소번데기로 월동, 우화 최성기 – 6월(연 1회 발생)	소나무 AIDS, 벌채 훈증 소각
	소나무 잎녹병	진균 (담자균류)	소나무류	겨울포자가 발아하여 형성된 담자포자가 소나무의 침엽에서 월동	이종기생, 중간기주 → 황벽나무, 참취, 잔대
	소나무 잎떨림병	진균 (자낭균류)	소나무류	자낭포자의 형태로 땅 위에 떨어진 병든 잎에서 월동	병원균 기공 침입
	소나무 잎마름병	진균 (불완전균류)	소나무, 해송	균사의 형태로 병든 낙엽에서 월동, 봄에 잎에 띠 모양의 황색반점	해송에 많이 발생
	푸사리움 가지마름병	진균 (불완전균류)	리기다소나무, 해송	균사의 형태로 병든 가지에서 월동	바람 및 매개충 전파
	잣나무 털녹병	진균 (담자균류)	잣나무	균사의 형태로 잣나무의 수피 조직 내에서 월동, 기공침입, 줄기 발병	이종기생, 중간기주 → 송이풀, 까치밥나무
	낙엽송 가지끝마름병	진균 (자낭균류)	낙엽송류	미숙한 자낭각의 형태로 병든 가지에서 월동	당년의 새순, 잎을 침해
활 엽 수 병 해	포플러 잎녹병	진균 (담자균류)	포플러류	겨울포자의 형태로 병든 낙엽에서 월동	이종기생, 중간기주 → 낙엽송, 현호색, 줄꽃주머니
	밤나무 줄기마름병	진균 (자낭균류)	밤나무, 참나무, 단풍나무	균사, 포자의 형태로 병환부에서 월동	저병원성 균주, 생물적 방제
	벚나무 빗자루병	진균 (자낭균류)	벚나무류	균사의 형태로 병든 가지에서 월동	빗자루 병징, 진균병
	호두나무 탄저병	진균 (자낭균류)	호두나무	자낭각의 형태로 병든 가지나 낙엽에서 월동	과습한 점질토양에서 발생
	참나무 시들음병	진균	참나무류	매개충인 광릉긴나무좀은 대부분 5령의 노숙유충으로 월동	참나무 AIDS, 벌채 훈증 소각 → 신갈나무 피해가 가장 큼

구분	병명	병원균	기주	월동형태 및 장소	특징
활엽수병해	대추나무·오동나무 빗자루병	파이토플라스마	대추나무, 오동나무	대추나무 빗자루병은 마름무늬매미충, 오동나무 빗자루병은 담배장님노린재에 의해 매개(7~9월)	옥시테트라사이클린계 항생제 수간주사
	뽕나무 오갈병	파이토플라스마	뽕나무	마름무늬매미충에 의해 매개	뽕잎의 사료가치 저하
공통병해	흰가루병	진균(자낭균류)	참나무류, 밤나무, 단풍나무류, 포플러류, 가중나무, 오리나무	자낭각, 균사의 형태로 병든 낙엽, 가지에서 월동	흰가루 : 분생자세대표징, 가을철에는 흑색 알맹이 : 자낭세대표징
	그을음병	진균(자낭균류)	낙엽송, 소나무류, 주목, 버드나무, 식나무, 대나무	균사, 자낭각의 형태로 월동, 광합성에 지장을 줌	깍지벌레, 진딧물의 분비물인 감로에서 기생
	아밀라리아 뿌리썩음병	진균(담자균류)	침엽수 및 활엽수	낙엽이나 다른 병든 식물에서 부생생활	산성토양에서 다발생

(3) 비생물적 피해

구분	대표적 피해증상
온도, 수분, 공기, 빛	• 고온 피해 : 일소현상(고온으로 갈변하거나 물 번진 듯한 무늬 형성) • 저온 피해 : 냉해나 동해 • 낮은 상대습도 : 시들음, 반점, 낙엽현상 • 높은 상대습도 : 침수에 의한 고사 • 고온에서 토양산소 부족으로 뿌리 활력 저하 • 빛 부족에 의한 웃자람 등
대기오염	• 아황산(SO_2) : 잎의 기공을 통해 흡입되며, 식물체에 가장 치명적인 대기오염물질로 스모그의 주된 구성물질이다. • 에틸렌(CH_2CH_2) : 식물생장 위축, 비정상적인 잎 발생 등 피해, 식물 호르몬제로도 이용
양분 결핍	• 질소(N) : 아래 잎들이 누렇게 또는 옅은 갈색으로 변함 • 인(P) : 줄기가 짧고 가늘며 꼿꼿하게 서고 길쭉함 • 칼륨(K) : 벼 적고병, 보리 흰무늬병 등 • 칼슘(Ca) : 토마토 배꼽썩음병 • 붕소(B) : 무·배추 속썩음병, 사과 축과병, 갈색 속썩음병, 담배 윗마름병
토양 광물질	• 토양 중 중금속에 의한 직접적 피해 • 양분 상호 간의 길항작용에 의한 양분 흡수 저해 등
제초제	제초제 과용에 의한 직간접적 피해

2 피해진단 결과 증명하기

(1) 병원균 분리 및 해충조사

① 병원균 분리

  ㉠ 감염된 식물 조직(잎, 줄기, 뿌리 등)을 잘라내어 배양한 다음 현미경으로 관찰하거나,
    병원균이 토양에 존재하는 경우 토양 샘플을 채취하여 배양 후 병원균을 진단(동정)한다.

  ㉡ 병환부에는 병원균 외에 다른 미생물도 존재하므로 병환부에 검출된 미생물은 코흐(Koch)
    의 법칙에 따라 증명해야 한다.

   • 병원체는 반드시 병환부에 존재해야 한다.

   • 병원체는 순수배양하여 접종하면 같은 병을 일으킨다.

   • 접종한 식물로부터 같은 병원체를 다시 분리할 수 있다.

   > **참고** 바이러스, 흰가루병균, 녹병균은 코흐의 법칙에 만족할 수 없는 것도 있다.

② 해충조사

  ㉠ 해충조사는 야외포장에서 해충의 존재 여부를 확인하고 그 종류를 동정하는 동시에 분포의
    범위와 포장 내에서의 밀도를 추정하는 것으로 방제의 기초가 된다.

  ㉡ 해충조사의 종류는 해충의 종류에 대한 정성적 조사와 해충의 밀도에 대한 정량적 조사
    등이 있다.

   • 정성적 조사 : 해충의 종류에 대한 조사로 전체 해충, 잠재해충류, 주요 해충류, 천적
    등 특정한 범주에 속하는 해충에 대한 조사

   • 정량적 조사

    − 절대밀도 : 일정한 단위에 대한 해충 수 또는 면적당 해충의 수로 솔잎혹파리의 월동
      유충, 굼벵이, 거세미는 면적으로, 깍지벌레류는 먹이의 양으로, 솔나방은 인위적
      단위로 나타낸다.

    − 상대밀도 : 유아등이나 포살장치를 이용한 단위시간당 포살 수로 경제작 변동이나
      지역적인 차이를 알기 위한 방법으로 해충의 실제 밀도보다는 변동상황을 비교한다.

   > **참고** 해충조사 방법
   > • 예찰 : 트랩조사, 포장순회예찰
   > • 해충트랩조사 : 유아등, 끈끈이 트랩, 공중포충망
   > • 포장순회예찰 : 병해충 및 잡초예찰

(2) 병원체, 해충, 잡초 등을 동정

① 눈에 의한 진단

  ㉠ 병징이나 표징을 보고 판단하는 방법이다.

  ㉡ 육안적 진단에서 표징은 절대적이며, 진단에 결정적인 역할을 한다.

② 해부학적 진단

  ㉠ 병든 부분을 해부하여 조직 속의 이상현상이나 병원체의 존재를 밝히는 방법이다.

   • 참깨 세균성시들음병 : 유관 속 갈변

   • *Fusarium*에 의한 참깨 시들음병 : 유관 속 폐쇄

  ㉡ 그람염색법 : 대부분의 식물병원균은 그람음성으로 그람염색법을 이용해 그람양성 병원균을 진단한다.

   • 보라색으로 염색되는 그람양성균 : 감자 둘레썩음병, 토마토 궤양병

   • 분홍색으로 염색되는 그람음성균 : 대부분의 세균

  ㉢ 침지법(DN) : 바이러스에 감염된 잎을 염색해 관찰하는 방법으로, 바이러스 감염 여부를 1차적으로 검정하는 데 유효하다.

  ㉣ 초박절편법(TEM) : 바이러스 이병 조직을 아주 얇게 잘라 전자현미경으로 관찰

  ㉤ 면역전자현미경법 : 혈청반응을 전자현미경으로 관찰, 반응 민감도가 높고 병원체의 형태와 혈청반응을 동시에 관찰

③ **병원적 진단** : 인공접종 등의 방법을 통해 병원체를 분리・배양・접종해서 병원성을 확인하는 방법 → 코흐의 원칙

④ **물리・화학적 진단**

  ㉠ 식물의 이화학적 변화를 조사하여 병의 종류를 진단한다.

  ㉡ 감자 바이러스병에 진단 시 감염된 즙액에 황산구리를 첨가해 즙액의 착색도와 투명도를 검사하는 황산구리법이 있다.

⑤ **혈청학적 진단**

  ㉠ 이미 알고 있는 병원세균이나 병원바이러스의 항혈청(anti-serum)을 만들고, 여기에 진단하려는 병든 식물의 즙액이나 분리된 병원체를 반응시켜서 병원체를 조사한다.

  ㉡ 감자 X모자이크병, 보리 줄무늬모자이크병의 간이 진단법, 벼 줄무늬바이러스병의 보독충 검정 등에 이용한다.

  ㉢ 슬라이드법 : 슬라이드 위에서 항혈청과 병원체를 혼합시켜 응집반응을 조사한다.

  ㉣ 한천겔 확산법(AGID) : 바이러스 이병 즙액에 대한 한천겔 내의 침강반응을 이용하며 대량검정용으로는 부적절하다.

ⓜ 형광항체법 : 항체와 형광색소를 결합해 항원이 있는 곳을 알아내는 방법으로 종자 표면의 바이러스, 매개충 체내의 바이러스, 토양 중의 세균 검출 및 확인에 이용하며 관찰에는 형광현미경 등이 사용된다.

ⓗ 직접조직프린트면역분석법(DTBIA)

- 병원균에 감염된 식물 조직의 단면을 염색액과 항혈청에 반응시킨 다음 발색시켜 결과를 판정한다.
- 민감성, 수월성, 신속성, 정확성이 뛰어나고 대량 처리가 가능하다.

ⓢ 적혈구응집반응법 : 식물체에 적혈구를 처리했을 때 바이러스 등 세포응집소나 항체에 의해서 적혈구가 응집되는 현상을 이용하는 방법이다.

ⓞ 효소결합항체법(ELISA)

- 항체에 효소를 결합시켜 바이러스와 반응했을 때 노란색이 나타나는 정도로 바이러스 감염 여부를 확인한다.
- 대량의 시료를 빠른 시간 내에 비교적 저렴한 가격으로 동정할 수 있는 장점이 있다.

⑥ 생물학적 진단

ⓖ 지표식물에 의한 진단

ⓛ 최아법에 의한 진단

ⓒ 박테리오파지에 의한 진단

ⓔ 병든 식물 즙액접종법

ⓜ 혐촉반응에 의한 진단 : 대치배양

ⓗ 유전자에 의한 진단 : 뉴클레오티드의 GC 함량, DNA-DNA 상동성 및 리보솜 RNA의 염기배열

CHAPTER 02 방제

1 생태적(경종적) 방제 방법 적용하기

(1) 병해충과 잡초의 생리·생태를 고려한 방제

① 재식밀도 조절

    ㉠ 일반적으로 밀식할 때보다 소식할 때 해충의 발생이 적다.

    ㉡ 잡초보다 작물이 먼저 공간을 점유하여 우점성을 확보할 수 있도록 한다.

    ㉢ 잡초와의 경합수준을 감소시키기 위한 작물의 재식밀도 조절은 작물 자체의 종내경합의 특성이나 시비량을 고려하여 결정한다.

② 파종시기 조절

    ㉠ 벼 파종 및 이앙시기가 늦춰지면 도열병 발병이 증가하고 이앙시기가 빨라지면 잎집무늬마름병이 증가한다.

    ㉡ 해충의 발생최성기를 피해 식물 재배시기를 조절한다.

③ 토양의 물리성 개선 : 유기물 및 석회 시용, 객토 및 심경 등

    ㉠ 유주자균류는 토양수분이 많을 때 잘 발생한다.

    ㉡ 감자 더뎅이병은 알칼리성 토양에서 많이 발생한다.

    ㉢ 무·배추 무사마귀병은 산성토양에서 많이 발생한다.

    ㉣ 자주날개무늬병은 미분해 유기물이 많이 함유된 토양에서 많이 발생한다.

    ㉤ 토양반응 및 시비조건에 따라 잡초의 발생이 달라진다.

(2) 윤작 및 답전윤환

① 병원균의 밀도를 낮추는 효과가 있다.

② 땅속에서 오랫동안 생존하고 기주 범위가 넓은 병원균에는 비실용적이다.

    예 무·배추 무사마귀병, 모잘록병, 자주날개무늬병, 흰비단병 등

③ 유연관계가 먼 작물을 윤작하여 방아벌레를 방제한다.

④ 잡초의 초종에 변화를 주고 제초제 연용피해로부터 탈피할 수 있다.

⑤ 연작보다는 윤작에서 잡초발생이 적다.

(3) 저항성 품종 선택

① 내병성·내충성 품종을 선택한다.

② 잡초와의 경합에 유리한 작물을 선택한다.

③ 경비 절약, 농약의 잔류독성 문제가 없어 가장 이상적인 방제법이다.

(4) 중간기주 제거

① 잣나무 털녹병 : 송이풀과 까치밥나무
② 소나무류 잎녹병균 : 황벽나무, 참취, 잔대
③ 소나무 혹병균 : 참나무
④ 배나무 붉은별무늬병균 : 향나무

2 물리적 · 기계적 방제 방법 적용하기

(1) 온도처리

① 토양소독
   ㉠ 소토법 및 증기소독법 : 토양을 가열하거나 약제증기로 소독하여 병원균, 해충, 잡초종자를 사멸시키는 방법이다.
   ㉡ 태양열 소독
      • 햇빛이 강한 여름철 비닐을 습한 토양 위에 덮어 토양의 온도를 높여 살균하는 방법이다.
      • 선충 및 시들음병균, 역병균의 멸균이 가능하다.
   ㉢ 침수처리 : 침수상태에서 산소 차단, 혐기성 환경 조성으로 특정 병원균이나 해충의 생존이 어려워지며 잡초의 발아 및 생육이 억제된다.

② 종자소독(냉수온탕침법)
   ㉠ 종자를 20℃ 이하 냉수에서 6~24시간 처리 후 50~55℃의 더운물에 처리한다.
   ㉡ 벼 키다리병, 벼 세균성 알마름병, 잎마름선충병 등의 방제효과가 있다.

(2) 빛과 색채 등을 이용한 통제

① 유아등(등화유살)
   ㉠ 주광성이 있고 활동성이 높은 성충을 대상으로 야간에 광원을 사용해 해충을 유인하여 유살하는 방법이다.
   ㉡ 주로 나비목(솔나방, 독나방, 복숭아명나방 등)의 방제에 이용한다.
② 감압법, 초음파법, 방사선조사 등
③ 황색수반, 황색 · 적색 · 청색 끈끈이 트랩 등

(3) 포살 및 차단

① 포살 : 해충의 알, 유충, 번데기, 성충 등을 맨손 · 간단한 기구 등으로 잡아 죽이는 방법이다.
② 차단 : 비닐 피복, 과실 봉지 씌우기, 한랭사 씌우기 등으로 병해충을 차단하는 방법이다.

3 화학적 방제 방법

(1) 농약의 분류

① 사용목적에 의한 분류

살균제	• 보호살균제 : 병균이 식물에 침투하는 것을 예방하기 위한 약제 예 보르도액, 동제 • 직접살균제 : 병균 침입의 예방은 물론 침입된 균을 방제 　예 석회유황합제, 블라스티시딘, 디폴라탄 • 종자소독제 : 종자, 모종(苗)의 겉껍질에 묻어 있는 병균을 살균시키기 위해 처리되는 약제 　예 비타박스, 침적용 유기수은제, 벤레이트티 • 토양살균제 : 모판흙이나 그 밖의 토양을 살균시키기 위해 사용되는 약제 　예 클로로피크린, 토양소독용 유기수은제, 밧사미드
살충제	• 소화중독제(식독제) : 해충이 약제를 먹으면 중독을 일으켜 죽이는 약제로 저작구형(씹어 　먹는 입)을 가진 나비류 유충, 딱정벌레류, 메뚜기류에 적당 • 접촉제 : 피부에 접촉 흡수시켜 방제 • 침투성 살충제 : 잎, 줄기 또는 뿌리부로 침투되어 흡즙성 해충에 효과가 있으며 천적에 대한 　피해가 없음 • 훈증제 : 유효성분을 가스로 해서 해충을 방제하는 데 쓰이는 약제 • 기피제 : 농작물 또는 기타 저장물에 해충이 모이는 것을 막기 위해 사용하는 약제 • 유인제 : 해충을 유인해서 제거 및 포살하는 약제 • 불임제 : 해충의 생식기관 발육저해 등 생식능력이 없도록 하는 약제 • 점착제 : 나무의 줄기나 가지에 발라 해충의 월동 전후 이동을 막기 위한 약제 • 생물농약 : 살아있는 미생물, 천연에서 유래된 추출물 등을 이용한 생물적 방제 약제
제초제	농작물의 생육을 저해하는 잡초를 제거하는 데 사용하는 약제 • 비선택성 제초제 : 약제가 처리된 전체식물 제거 예 염소산소다, TCA, TOK • 선택성 제초제 : 화본과 식물에 안전하고 광엽식물만 제거하는 약제 예 2,4-D, MCP
살응애제	곤충에 대하여는 살충 효과가 없고 응애류에 대해 효력이 있는 약제
살선충제	식물의 뿌리에 기생하는 선충을 방제하는 약제
살서제	농림상 해를 주는 쥐, 두더지 및 기타 설치류(齧齒類)의 방제 시 사용하는 약제
식물생장조절제	식물의 생장을 증진 또는 억제하거나 개화 촉진, 착색 촉진, 낙과 방지, 낙과 촉진 등 식물의 생육을 조절하기 위하여 사용되는 약제
보조제	살충제의 효력을 충분히 발휘시킬 목적으로 사용하는 약제 • 전착제 : 주성분을 병해충이나 식물체에 잘 전착시키기 위해 사용되는 약제 • 증량제 : 분제에 있어서 주성분의 농도를 낮추는 보조제 • 용제(매) : 약제의 유효 성분을 녹이는 약제 • 유화제 : 유제의 유화성을 높이기 위한 약제(계면활성제)

② 제형에 의한 분류

㉠ 희석살포제 : 수용제(SP), 수화제(WP), 수화성미분제(WF), 입상수화제(WG), 미탁제(ME),
분산성액제(DC), 액상수화제(SC), 액제(SL), 오일제(OL), 유제(EC), 유탁제(EW), 캡슐현
탁제(CS), 고상제(GM), 액상제(AS), 액상현탁제(SM) 등

㉡ 직접살포제 : 미립제(MG), 미분제(GP), 분의제(DS), 분제(DP), 저비산분제(DL), 종자처
리수화제(WS), 세립제(FG), 입제(GR), 대립제(GG), 수면부상성입제(UG), 직접살포정제
(DT), 캡슐제(CG), 수면전개제(SO), 종자처리액상수화제(FS), 직접살포액제(AL) 등

㉢ 특수 제형 : 과립훈연제(FW), 도포제(PA), 마이크로캡슐훈증제(VP), 비닐멀칭제(PF), 연
무제(AE), 판상줄제(SF), 훈연제(FU), 훈증제(GA)

③ 유효성분 조성에 따른 분류
  ㉠ 무기농약
    • 무기화합물을 주성분으로 하는 농약
    • 생석회, 소석회, 황산구리, 유황, 결정석회황합제 등
  ㉡ 유기농약
    • 유기화합물을 주성분으로 하는 농약
    • 천연유기농약과 대부분의 화학농약
    • 유기인계, 카바메이트계, 유기염소계, 유기황계, 유기비소계, 유기불소계 등
④ 농약의 사용 형태별 분류
  ㉠ 액체시용제

유제	• 유탁액 : 불용성 주제 + 용제 + 계면활성제 • 물에 녹지 않는 농약의 주제를 용제에 용해시켜 계면활성제를 첨가 • 물과 혼합 시 우유 모양의 유탁액이 됨 • 수화제보다 살포액의 조제가 편리하고 약효가 다소 높음 • 유제의 구비조건 : 유화성, 안정성, 확전성, 고착성
액제	주제가 수용성인 것으로 가수분해의 우려가 없는 경우에 주제를 물에 녹여 동결방지제를 가하여 만든 것
수용제	• 제제와 형태는 수화제와 같으나 유효성분이 수용성이므로 물에 넣으면 투명한 액제가 됨 • 원제 + 가용화제를 물에 녹이면 수용제가 됨
수화제	• 현탁액 : 불용성 주제 + 카올린 · 벤토나이트 + 계면활성제 • 물에 녹지 않는 주제를 카올린, 벤토나이트 등으로 희석한 후 계면활성제를 혼합한 제제 • 물에 희석하면 유효성분의 입자가 물에 고루 분산되어 현탁액이 됨 • 수화제를 물에 풀면 현탁액이 됨
플로어블 (flowable)	• 용제에 녹기 어려운 고체의 유효성분을 액제화한 것 • 수화제의 효력의 증강보다는 취급을 편리하게 하기 위한 제제 • 살포하였을 때 병충이나 잡초의 내부나 표피의 이면까지 약제 도달 • 입자 비교 : 수화제는 $10 \sim 20 \mu m$, 플로어블은 $5 \mu m$ 이하
미량살포제	공중살포에 있어서만 사용됨

  ㉡ 고형시용제

분제(dust)	• 주제를 증량제, 물리성개량제, 분해방지제 등과 균일하게 혼합 분쇄하여 제조 • 수도병충해 방제에 널리 사용 • 유제, 수화제에 비해 고착성이 떨어져 잔효성이 요구되는 과수의 병해 방제용으로는 부적합

입제(granule)	• 유효성분을 고체증량제와 혼합분쇄 후 보조제로서 고합제, 안정제, 계면활성제를 가하여 입상으로 성형한 것
	• 입상의 담체에 유효성분을 피복시킨 것으로 토양시용, 수면시용의 경우가 많음
	• 농약에 있어서 입제는 근래 새로운 형태의 제제로서 등장하게 된 것으로 대체로 8~60 mesh(0.5~2.5mm) 범위의 지름을 가진 작은 입자
	• 입제의 성질
	  - 수용성이나 증기압이 낮고, 휘발성이 있어 훈증적인 작용
	  - 토양흡착성이 있고 물로 유실되지 않음
	  - 작물체 내에 침투 이행하는 성질
	  - 수중 및 토양 중의 유기물 및 미생물에 대하여 안전해야 함

DL분제	• 살포도중에 비산이 적은 약제 • 20~30μm의 크기의 새로운 형태의 분제
플로우더스트제 (FD제)	• 하우스 내의 시설재배에 있어서 병해충 방제를 목적으로 개발 • 농약의 미립자가 시설 내에 장시간 부유하고 균일하게 확산 • 보통분제의 약 10배 농도의 성분을 함유하는 고농도의 미분제

ⓒ 기타 제형
- 훈증제
  - 비점이 낮은 농약의 주제를 액상, 고상, 압축가스로 용기 내에 충전하는 방법이다.
  - 대기 중에 가스 상태로 방출하여 병해충에 독작용을 하는 제형이다.
- 훈연제
  - 유효성분과 발열제를 종이에 흡착시키거나 깡통에 넣은 형태이다.
  - 불을 붙이면 유효성분이 연기와 함께 공중에 분산한다.
  - 시설 원예 포장에서 많이 사용한다.
- 연무제
  - 유효성분을 용제・분사제 등과 봄베(bombe)에 충진시킨 것이다.
  - 압력을 가하여 공기 중에 분출한다.
- 가스제 : 시안화석회, 클로로피크린, 메틸브로마이드

⑤ 작용기작그룹 표시 분류기준(농약, 원제 및 농약활용기자재의 표시기준 [별표 8])
ⓐ 농약 작용기작별 분류기준
- 살균제

작용기작 구분	표시기호	세부 작용기작 및 계통(성분)
가. 핵산 합성 저해	가1	RNA 중합효소 Ⅰ 저해
	가2	아데노신 디아미네이즈 저해
	가3	핵산 활성 저해
	가4	DNA 토포이소머레이즈(type Ⅱ) 저해
나. 세포분열(유사분열) 저해	나1	미세소관 생합성 저해(벤지미다졸계)
	나2	미세소관 생합성 저해(페닐카바메이트계)
	나3	미세소관 생합성 저해(톨루아마이드계)
	나4	세포분열 저해(페닐우레아계)
	나5	스펙트린 유사 단백질 정위 저해(벤자마이드계)
	나6	액틴/미오신/피브린 저해(시아노아크릴계)
다. 호흡 저해(에너지 생성 저해)	다1	복합체 Ⅰ의 NADH 산화환원효소 저해
	다2	복합체 Ⅱ의 숙신산(호박산염) 탈수소효소 저해
	다3	복합체 Ⅲ : 퀴논 외측에서 시토크롬 bc1기능 저해(아족시스트로빈, 피콕시스트로빈, 피라클로스트로빈, 크레속심메틸, 오리사스트로빈, 파목사돈, 페나미돈, 피리벤카브 등)
	다4	복합체 Ⅲ : 퀴논 내측에서 시토크롬 bc1기능 저해(사이아조파미드, 아미설브롬)

작용기작 구분	표시기호	세부 작용기작 및 계통(성분)
다. 호흡 저해(에너지 생성 저해)	다5	산화적인산화 반응에서 인산화반응 저해
	다6	ATP 생성효소 저해
	다7	ATP 수송 저해
	다8	복합체 III : 시토크롬 bc1기능 저해(아메톡트라딘)
라. 아미노산 및 단백질 합성 저해	라1	메티오닌 생합성 저해 (사이프로디닐, 피리메타닐)
	라2	단백질 합성 저해(신장기 및 종료기)
	라3	단백질 합성 저해(개시기)(헥소피라노실계)
	라4	단백질 합성 저해(개시기)(글루코피라노실계)
	라5	단백질 합성 저해(신장기)(테트라사이클린계)
마. 신호전달 저해	마1	작용기구 불명(아자나프탈렌계)
	마2	삼투압 신호전달효소 MAP 저해(플루디옥소닐)
	마3	삼투압 신호전달효소 MAP 저해(이프로디온, 프로사이미돈)
바. 지질 생합성 및 막 기능 저해	바2	인지질 생합성, 메틸 전이효소 저해(이프로벤포스)
	바3	세포 과산화(에트리디아졸)
	바4	세포막 투과성 저해 (카바메이트계)
	바6	병원균의 세포막 기능을 교란하는 미생물
	바7	세포막 기능 저해
	바8	에르고스테롤 결합 저해
	바9	지질 항상성, 이동, 저장 저해
사. 막에서 스테롤 생합성 저해	사1	탈메틸효소 기능 저해 (피리미딘계, 이미다졸계 등)
	사2	이성질화효소 기능 저해
	사3	케토 환원효소 기능 저해(펜헥사미드, 펜피라자민)
	사4	스쿠알렌 에폭시데이즈 기능 저해
아. 세포벽 생합성 저해	아3	트레할라제(글루코스 생성) 효소 기능 저해(발리다마이신)
	아4	키틴 합성 저해(폴리옥신)
	아5	셀룰로스 합성 저해(디메토모르프, 벤티아발리카브, 발리페날레이트)
자. 세포막 내 멜라닌 합성 저해	자1	환원효소 기능 저해(트리사이클라졸)
	자2	탈수소효소 기능 저해(페녹사닐)
	자3	폴리케티드 합성 저해(톨프로카브)
차. 기주식물 방어기구 유도	차1	살리실산 유사작용(벤조티아디아졸계, 아시벤졸라 에스 메틸)
	차2	벤즈이소티아졸계(프로베나졸)
	차3	티아디아졸카복사마이드계
	차4	천연 화합물 계통
	차5	식물 추출물 계통
	차6	미생물 계통
	차7	포스포네이트계(포세틸알루미늄 등)
카. 다점 접촉작용	카	보호살균제 무기유황제, 무기구리제, 유기비소제 등
작용기작 불명	미분류	메트라페논, 사이목사닐, 사이플루페나미드 등
생. 생물학적 제제	생1	식물 추출물(세포벽, 이온막수송체에 다양한 작용, 포자 및 발아관에 영향, 식물저항성 유도 등)
	생2	미생물 및 미생물 추출물 또는 대사산물(경쟁, 균기생, 항균성, 세포막 저해, 용해효소, 식물저항성 유도 등)

• 살충제

작용기작 구분	표시기호	계통 및 성분
1. 아세틸콜린에스터라제 기능 저해	1a	카바메이트계
	1b	유기인계
2. GABA 의존 Cl 통로 억제	2a	유기염소 시클로알칸계
	2b	페닐피라졸계
3. Na 통로 조절	3a	합성피레스로이드계
	3b	DDT, 메톡시클로르
4. 신경전달물질 수용체 차단	4a	네오니코티노이드계
	4b	니코틴
	4c	설폭시민계
	4d	부테놀라이드계
	4e	메소이온계
5. 신경전달물질 수용체 기능 활성화	5	스피노신계
6. Cl 통로 활성화	6	아버멕틴계, 밀베마이신계
7. 유약호르몬 작용	7a	유약호르몬 유사체
	7b	페녹시카브
	7c	피리프록시펜
8. 다점저해(훈증제)	8a	할로젠화알킬계
	8b	클로로피크린
	8c	플루오르화술푸릴
	8d	붕사
	8e	토주석
	8f	이소티오시안산메틸 발생기
9. 현음기관 TRPV 통로 조절	9b	피리딘 아조메틴 유도체
	9d	피리피로펜
10. 응애류 생장 저해	10a	클로펜테진, 헥시티아족스
	10b	에톡사졸
11. 미생물에 의한 중장 세포막 파괴	11a	B.t 독성 단백질
	11b	B.t 아종의 독성 단백질
12. 미토콘드리아 ATP 합성효소 저해	12a	디아펜티우론
	12b	유기주석 살선충제
	12c	프로파자이트
	12d	테트라디폰
13. 수소이온 구배형성 저해	13	피롤계, 디니트로페놀계, 설플루라미드
14. 신경전달물질 수용체 통로 차단	14	네레이스톡신 유사체
15. 0형 키틴 합성 저해	15	벤조일요소계
16. I형 키틴 합성 저해	16	뷰프로페진
17. 파리목 곤충 탈피 저해	17	사이로마진
18. 탈피호르몬 수용체 기능 활성화	18	디아실하이드라진계
19. 옥토파민 수용체 기능 활성화	19	아미트라즈

작용기작 구분	표시기호	계통 및 성분
20. 전자전달계 복합체 III 저해	20a	하이드라메틸논
	20b	아세퀴노실
	20c	플루아크리피림
	20d	비페나제이트
21. 전자전달계 복합체 I 저해	21a	METI 살비제 및 살충제
	21b	로테논
22. 전위 의존 Na 통로 차단	22a	옥사디아진계
	22b	세미카르바존계
23. 지질 생합성 저해	23	테트론산 및 테트람산 유도체
24. 전자전달계 복합체 IV 저해	24a	인화물계
	24b	시안화물
25. 전자전달계 복합체 II 저해	25a	베타 케토니트릴 유도체
	25b	카복시닐라이드
28. 라이아노딘 수용체 조절	28	디아마이드계
29. 현음기관 조절 – 정의되지 않은 작용점	29	플로니카미드
30. GABA 의존 Cl 통로 조절	30	메타-디아마이드계
작용기작 불명	미분류	아자디락틴, 디코폴 등

• 제초제

작용기작 구분	표시기호	세부 작용기작 및 계통(성분)
지질(지방산) 생합성 저해	H01	아세틸 CoA 카르복실화효소 저해
아미노산 생합성 저해	H02	분지 아미노산 생합성 저해(ALS 저해)
	H09	방향족 아미노산 생합성 저해(EPSP 저해)
	H10	글루타민 합성효소 저해
광합성 저해	H05	광화학계 II 저해(D1 Serine 264 binders)
	H06	광화학계 II 저해(D1 Histidine 215 binders)
	H22	광화학계 I 전자전달 저해(비피리딜리움계)
색소 생합성 저해	H14	엽록소 생합성 저해(PPO 저해)
	H12	카로티노이드 생합성 저해(PDS 저해)
	H27	카로티노이드 생합성 저해(HPPD 저해)
	H34	카로티노이드 생합성 저해(Lycopene cyclase)
	H13	DXP(Deoxy-D-Xylulose Phosphate synthase) 저해
엽산 생합성 저해	H18	엽산 생합성 저해(아슐람)
세포분열 저해	H03	미소관 조합 저해
	H23	유사분열/미소관 형성 저해
	H15	장쇄 지방산(VLCFA) 합성 저해
세포벽 합성 저해	H29	세포벽(셀룰로스) 합성 저해
	H30	지방산 티오에스레트화효소(TE) 저해
에너지 대사 저해	H24	막 파괴
옥신작용 저해·교란	H04	옥신(인돌아세트산) 유사작용
	H19	옥신이동 저해
작용기작 불명	미분류	기타

ⓒ 농약 성분별 작용기작 분류 표시기호

• 살균제

한글명	일반명	표시기호
가스가마이신	Kasugamycin	라3
결정석회황	Lime sulfur	카
네오아소진	Neoasozin	미분류
노닐페놀설폰산구리(유기폰)	Nonyl phenolsulfonic acid copper	카
뉴아리몰	Nuarimol	사1
다조멧	Dazomet	미분류
도딘	Dodine	미분류
디노캅	Dinocap	다5
디니코나졸	Diniconazole	사1
디메토모르프	Dimethomorph	아5
디비이디시(산코)	DBEDC	카
디에토펜카브	Diethofencarb	나2
디클로벤티아족스	Dichlobentiazox	차8
디클로플루아니드	Dichlorfluanid	카
디티아논	Dithianon	카
디페노코나졸	Difenoconazole	사1
마이클로뷰타닐	Myclobutanil	사1
만데스트로빈	Mandestrobin	다3
만디프로파미드	Mandipropamid	아5
만코제브	Mancozeb	카
메탈락실	Metalaxyl	가1
메탈락실엠	Metalaxyl-M	가1
메토미노스트로빈	Metominostrobin	다3
메트라페논	Metrafenone	나6
메트코나졸	Metconazole	사1
메티람	Metiram	카
메파니피림	Mepanipyrim	라1
메펜트리플루코나졸	Mefentrifluconazole	사1
메프로닐	Mepronil	다2
멥틸디노캅	Meptyldinocap	다5
바실루스메틸로트로피쿠스류	Bacillus methylotrophicus	생2
바실루스서브틸리스류	Bacillussubtilis	생2
바실루스아밀로리퀴파시엔스류	Bacillusamyloliquefaciens	생2
바실루스푸밀루스큐에스티류	Bacillus pumilus	생2
박테리오파지액티브어게니스트어위니아아밀로보라	Bacteriophage active against Erwinia amylovora	생2
발리다마이신-에이	Validamycin-A	미분류
발리페날레이트	Valifenalate	아5
베날락실-엠	Benalaxyl-M	가1
베노밀	Benomyl	나1

한글명	일반명	표시기호
벤티아발리카브아이소프로필	Benthiavalicarb isopropyl	아
보르도액	Bordeaux mixture	카
보스칼리드	Boscalid	다2
블라드	BLAD	미분류
블라시티시딘-에스	Blasticidin-S	라2
비터타놀	Bitertanol	사1
빈클로졸린	Vinclozolin	마3
사이목사닐	Cymoxanil	미분류
사이아조파미드	Cyazofamid	다4
사이클로뷰트리플루람	Cyclobutrifluram	다2
사이프로디닐	Cyprodinil	라1
사이프로코나졸	Cyproconazole	사1
사이플루페나미드	Cyflufenamid	미분류
석회황	Lime Sulfur	카
슈도모나스올레오보란스	Pseudomonas oleovorans	미분류
스트렙토마이세스고시키엔시스류	Streptomycesgoshikiensis	생2
스트렙토마이세스콜롬비엔시스류	Streptomyces colombiensis	생2
스트렙토마이신	Streptomycin	라4
스트렙토마이신황산염	Streptomycin(sulfate salt)	라4
시메코나졸	Simeconazole	사1
심플리실리움라멜리코라 비시피	Simplicilliumlamellicola BCP	바6
아메톡트라딘	Ametoctradin	다8
아미설브롬	Amisulbrom	다4
아시벤졸라-에스-메틸	Acibenzolar-S-methyl	차1
아이소티아닐	Isotianil	차3
아이소페타미드	Isofetamide	다2
아이소프로티올레인	Isoprothiolane	바2
아이소피라잠	Isopyrazam	다2
아족시스트로빈	Azoxystrobin	다3
암펠로마이세스퀴스괄리스에이큐94013류	Ampelomycesquisqualis	생2
에디펜포스	Edifenphos	바2
에타복삼	Ethaboxam	나3
에트리디아졸	Etridiazole	바3
에폭시코나졸	Epoxiconazole	사1
오리사스트로빈	Orysastrobin	다3
오퓨레이스	Ofurace	가1
옥사딕실	Oxadixyl	가1
옥사티아피프롤린	Oxathiapiprolin	바9
옥솔린산	Oxolinic acid	가4
옥시카복신	Oxycarboxin	다2
옥시테트라사이클린계	Oxytetracycline	라5
옥신코퍼	Oxine-copper	카

한글명	일반명	표시기호
이미녹타딘트리스알베실레이트	Iminoctadin tris (albesilate)	카
이미녹타딘트리아세테이트	Iminoctadin triacetate	카
이미벤코나졸	Imibenconazole	사1
이프로디온	Iprodione	마3
이프로발리카브	Iprovalicarb	아5
이프로벤포스	Iprobenfos (IBP)	바2
이프코나졸	Ipconazole	사1
이프플루페노퀸	Ipflufenoquin	미분류
족사마이드	Zoxamide	나3
지네브	Zineb	카
카벤다짐	Carbendazim	나1
카복신	Carboxin	다2
카프로파미드	Carpropamid	자2
캡타폴	Captafol	카
캡탄	Captan	카
코퍼설페이트베이직	Copper sulfate, basic	카
코퍼설페이트펜타하이드레이트	Copper sulfate pentahydrate	카
코퍼옥시클로라이드	Copper oxychloride	카
코퍼하이드록사이드	Copper hydroxide	카
큐프러스옥사이드	Cuprous oxide	카
크레속심메틸	Kresoxim–methyl	다3
클로로탈로닐	Chlorothalonil	카
테부코나졸	Tebuconazole	사1
테부플로퀸	Tebufloquin	미분류
테클로프탈람	Teclofthalam	미분류
테트라코나졸	Tetraconazole	사1
톨릴플루아니드	Tolyfluanid	카
톨클로포스메틸	Tolclofos–methyl	바3
트리베이식코퍼설페이트	Tribasic copper sulfate	카
트리사이클라졸	Tricyclazole	자1
트리아디메놀	Triadimenol	사1
트리아디메폰	Triadimefon	사1
트리코더마아트로비라이드류	Trichoderma atroviride	생2
트리코더마하지아눔류	Trichodermaharzianum	생2
트리티코나졸	Triticonazole	사1
트리포린	Triforine	사1
트리플록시스트로빈	Trifloxystrobin	다3
트리플루미졸	Triflumizole	사1
티람	Thiram	카
티아디닐	Tiadinil	차3
티아벤다졸	Thiabendazole	나1
티오파네이트메틸	Thiophanate–methyl	나1

한글명	일반명	표시기호
티플루자마이드	Thifluzamide	다2
파목사돈	Famoxadone	다3
파밤	Ferbam	카3
패니바실루스폴리믹사에이시-1	Paenibacilluspolymyxa AC-1	바6
페나리몰	Fenarimol	사1
페나미돈	Fenamidone	다3
페나진옥사이드	Phenazine oxide	미분류
페녹사닐	Fenoxanil	자2
페림존	Ferimzone	미분류
펜뷰코나졸	Fenbuconazole	사1
펜사이큐론	Pencycuron	나4
펜코나졸	Penconazole	사1
펜티오피라드	Penthiopyrad	다2
펜플루펜	Penflufen	다2
펜피라자민	Fenpyrazamine	사3
펜헥사미드	Fenhexamid	사3
포세틸알루미늄	Fosetyl-aluminium	차7
폴리옥신디	Polyoxin-D	아4
폴리옥신비	Polyoxin B	아4
폴펫	Folpet	카
푸라메트피르	Furametpyr	다2
프로베나졸	Probenazole	차2
프로사이미돈	Procymidone	마3
프로퀴나자드	Proquinazid	마1
프로클로라즈	Prochloraz	사1
프로클로라즈망가니즈	Prochloraz mangenease	사1
프로클로라즈코퍼클로라이드	Prochloraz copper chloride complex	사1
프로파모카브하이드로클로라이드	Propamocarb hydrochloride	바4
프로피네브	Propineb	카
프로피코나졸	Propiconazole	사1
프탈라이드(라브사이드)	Fthalide	자1
플로릴피콕사미드	Florylpicoxamid	다4
플루디옥소닐	Fludioxonil	마2
플루설파마이드	Flusulfamide	미분류
플루실라졸	Flusilazole	사1
플루아지남	Fluazinam	다5
플루오로이마이드	Fluoroimide	카
플루오피람	Fluopyram	다2
플루오피콜라이드	Fluopicolide	나5
플루인다피르	Fluindapyr	다2
플루퀸코나졸	Fluquinconazole	사1
플루톨라닐	Flutolanil	다2

한글명	일반명	표시기호
플루티아닐	Flutianil	미분류
플루트리아폴	Flutriafol	사1
플룩사피록사드	Fluxapyroxad	다2
피디플루메토펜	Pydiflumetofen	다2
피라조포스	Pyrazophos	바2
피라지플루미드	Pyraziflumid	다2
피라클로스트로빈	Pyraclostrobin	다3
피로퀼론	Pyroquilon	자1
피리메타닐	Pyrimethanil	라1
피리벤카브	Pyribencarb	다3
피리오페논	Pyriofenone	나6
피카뷰트라족스	Picarbutrazox	미분류
피콕시스트로빈	Picoxystrobin	다3
하이멕사졸	Hymexazol	가3
헥사코나졸	Hexaconazole	사1
황	Sulfur	카

• 살충제

한글명	일반명	표시기호
감마-사이할로트린	Gamma-cyhalothrin	3a
기계유	Machine oil	미분류
노발루론	Novaluron	15
다이아지논	Diazinon	1b
데메톤-에스-메틸	Demeton-S-methyl	1b
델타메트린	Deltamethrin	3a
디노테퓨란	Dinotefuran	4a
디메토에이트	Dimethoate	1b
디메틸빈포스	Dimethylvinphos	1b
디메틸디설파이드	Dimethyl disulfide	미분류
디설폰	Disulfoton	1b
디아펜치우론	Diafenthiuron	12a
디알리포스	Dialifos	1b
디코폴	Dicofol	미분류
디클로르보스	Dichlorvos/DDVP	1b
디플루벤주론	Diflubenzuron	15
람다사이할로트린	Lambda cyhalothrin	3a
레피멕틴	Lepimectin	6
루페뉴론	Lufenuron	15
마그네슘포스파이드	Magnesium phosphide	24a
말라티온	Malathion	1b
메타미도포스	Methamidophos	1b
메타플루미존	Metaflumizone	22b
메탐소듐	Metam-sodium	8f

한글명	일반명	표시기호
메토밀	Methomyl	1a
메톡시페노자이드	Methoxyfenozide	18
메톨카브	Metolcarb	1a
메트알데하이드	Metaldehyde	미분류
메티다티온	Methidathion	1b
메티오카브	Methiocarb	1a
메틸브로마이드	Methyl bromide	8a
모나크로스포륨타우마슘류	Monacrosporium thaumasium	미분류
모노크로토포스	Monocrotophos	1b
밀베멕틴	Milbemectin(A3+A4)	6
바미도티온	Vamidothion	1b
베타사이플루트린	Beta cyfluthrin	3a
벤설탑	Bensultap	14
벤족시메이트	Benzoximate	미분류
벤퓨라카브	Benfuracarb	1a
뷰프로페진	Buprofezin	16
브로모프로필레이트	Bromopropylate	미분류
브로플라닐라이드	Borflanilide	30
비스트리플루론	Bistrifluron	15
비티아이자와이 류	B.T.subsp.aizawai	11a
비티쿠르스타키	B.T.subsp.kurstaki	11a
비페나제이트	Bifenazate	20d
비펜트린	Bifenthrin	3a
사이로마진	Cyromazine	17
사이안트라닐리프롤	Cyantraniliprole	28
사이에노피라펜	Cyenopyrafen	25a
사이클라닐리프롤	Cyclaniliprole	28
사이클로뷰트리플루람	Cyclobutrifluram	N-3
사이퍼메트린	Cypermethrin	3a
사이플루메토펜	Cyflumetofen	25a
사이플루트린	cyfluthrin	3a
사이헥사틴	Cyhexatin	12b
사이안화수소	Hydrogen cyanide	24b
설폭사플로르	Sulfoxaflor	4c
스피네토람	Spinetoram	5
스피노사드	Spinosad	5
스피로디클로펜	Spirodiclofen	23
스피로메시펜	Spiromesifen	23
스피로테트라맷	Spirotetramat	23
스피로피디온	Spiropidion	23
실라플루오펜	Silafluofen	3a
사이클로프로트린	Cycloprothrin	3a

한글명	일반명	표시기호
아미트라즈	Amitraz	19
아바멕틴	Abamectin	6
아사이노나피르	Acynonapyr	33
아세퀴노실	Acequinocyl	20b
아세타미프리드	Acetamiprid	4a
아세페이트	Acephate	1b
아이소사이클로세람	Isocycloseram	30
아이소프로카브	Isoprocarb	1a
아자디락틴	Azadirachtin	미분류
아조사이클로틴	Azocyclotin	12b
아진포스메틸	Azinphos-methyl	1b
아크리나트린	Acrinathrin	3a
아피도피로펜	Afidopyropen	9d
알라니카브	Alanycarb	1a
알루미늄포스파이드(인화늄)	Aluminium phosphide	24a
알파사이퍼메트린	Alpha-cypermethrin	3a
에마멕틴벤조에이트	Emamectin benzoate	6
에스펜발러레이트	Esfenvalerate	3a
에탄디니트릴	Ethanedinitrile	미분류
에토펜프록스	Etofenprox	3a
에토프로포스	Ethoprophos	1b
에톡사졸	Etoxazole	10b
에틸포메이트	Ethyl formate	미분류
엑스엠씨(XMC)	XMC	1a
엔도설판	Endosulfan	2a
오메토에이트	Omethoate	1b
이미다클로프리드	Imidacloprid	4a
이미시아포스	Imicyafos	1b
이제트-사,육-헥사데카디에날	(E,Z)-4,6-Hexadecadienal	미분류
이피엔	EPN	1b
인독사카브	Indoxacarb	22a
제타사이퍼메트린	Zeta-cypermethrin	3a
카두사포스	Cadusafos	1b
카바릴	Carbaryl	1a
카보설판	Carbosulfan	1a
카보퓨란	Carbofuran	1a
카탑하이드로클로라이드	Cartap hydrochloride	14
퀴날포스	Quinalphos	1b
크로르펜빈포스	Chlorfenvinphos	1b
크로마페노자이드	Chromafenozide	18
클로란트라닐리프롤	Chlorantraniliprole	28
클로르플루아주론	Chlorfluazuron	15

한글명	일반명	표시기호
클로르페나피르	Chlorfenapyr	13
클로르피리포스	Chlorpyrifos	1b
클로르피리포스-메틸	Chlorpyrifos-methyl	1b
클로티아니딘	Clothianidin	4a
클로펜테진	Clofentezine	10a
터부포스	Terbufos	1b
테부페노자이드	Tebufenozide	18
테부펜피라드	Tebufenpyrad	21a
테부피림포스	Tebupirimfos	1b
테트라닐리프롤	Tetraniliprole	28
테트라디폰	Tetradifon	12d
테트라클로르빈포스	Tetrachlorvinphos	1b
테플루벤주론	Teflubenzuron	15
테플루트린	Tefluthrin	3a
트랄로메트린	Tralomethrin	3a
트리클로르폰	Trichlorfon	1b
트리플루메조피림	Triflumezopyrim	4e
트리플루뮤론	Triflumuron	15
티아메톡삼	Thiamethoxam	4a
티아클로프리드	Thiacloprid	4a
티오디카브	Thiodicarb	1a
티오메톤	Thiometon	1b
티오사이클람하이드로젠옥살레이트	Thiocyclamhydrogenoxalate	14
파라티온	Parathion	1b
파라핀 오일	Paraffinic oil	미분류
페나자퀸	Fenazaquin	21a
페노뷰카브	Fenobucarb(BPMC)	1a
페노티오카브	Fenothiocarb	1a
페녹시카브	Fenoxycarb	7b
페니트로티온	Fenitrothion	1b
펜발러레이트	Fenvalerate	3a
펜뷰타틴옥사이드	Fenbutatin oxide	12b
펜토에이트	Phenthoate	1b
펜티온	Fenthion	1b
펜프로파트린	Fenpropathrin	3a
펜피록시메이트	Fenpyroximate	21a
포레이트	Phorate	1b
포스티아제이트	Fosthiazate	1b
포스파미돈	Phosphamidon	1b
포스핀	Phosphine	24a
폭심	Phoxim	1b
푸루시스리네이트	Flucythrinate	3a

한글명	일반명	표시기호
퓨라티오카브	Furathiocarb	1a
프로티오포스	Prothiofos	1b
프로파자이트	Propargite	12c
프로페노포스	Profenofos	1b
프로폭슈르	Propoxur	1a
플로니카미드	Flonicamid	29
플로메토퀸	Flometoquin	34
플루발리네이트	Fluvalinate	3a
플루벤디아마이드	Flubendiamide	28
플루싸이크록수론	Flucycloxuron	15
플루아자인돌리진	Fluazaindolizine	미분류
플루아크리피림	Fluacrypyrim	20c
플루엔설폰	Fluensulfone	미분류
플루페녹수론	Flufenoxuron	15
플루피라디퓨론	Flupyradifurone	4d
플루피라조포스	Flupyrazofos	1b
플루피리민	Flupyrimin	4f
플룩사메타마이드	Fluxametamide	30
파라핀	Paraffin	미분류
피라클로포스	Pyraclofos	1b
피리다벤	Pyridaben	21a
피리다펜티온	Pyridaphenthion	1b
피리달릴	Pyridalyl	미분류
피리미디펜	Pyrimidifen	21a
피리미카브(피리모)	Pirimicarb	1a
피리미포스-메틸	Pirimiphos-methyl	1b
피리프록시펜	Pyriproxyfen	7c
피리플루퀴나존	Pyrifluquinazon	9b
피메트로진	Pymetrozine	9b
피프로닐	Fipronil	2b
피플루뷰마이드	Pyflubumide	25b
헥시티아족스	Hexythiazox	10a

• 제초제

한글명	일반명	표시기호
글루포시네이트암모늄	Glufosinate-ammonium	H10
글루포시네이트-피	Glufosinate-P	H10
글리포세이트	Glyphosate	H09
글리포세이트암모늄	Glyphosate-ammonium	H09
글리포세이트이소프로필아민	Glyphosate-isopropylamine	H09
글리포세이트포타슘	Glyphosate-potassium	H09
나프로아닐라이드	Naproanilide	H15
나프로파마이드	Napropamide	H15

한글명	일반명	표시기호
니코설퓨론	Nicosulfuron	H02
니트랄린	Nitralin	H03
다이뮤론	Daimuron	미분류
디메타메트린	Dimethametryn	H05
디메테나미드	Dimethenamid	H15
디메테나미드피	Dimethenamid—P	H15
디메피퍼레이트	Dimepiperate	H15
디캄바	Dicamba	H04
디클로베닐	Dichlobenil	H29
디티오피르	Dithiopyr	H03
리뉴론	Linuron	H05
림설퓨론	Rimsulfuron	H02
메소트리온	Mesotrione	H27
메코프로프	Mecoprop	H04
메코프로프피	Mecoprop—P	H04
메타미포프	Metamifop	H01
메타벤즈티아주론	Methabenzthiazuron	H05
메타자클로르	Metazachlor	H15
메타조설퓨론	Metazosulfuron	H02
메토브로뮤론	Metobromuron	H05
메톨라클로르	Metolachlor	H15
메트리뷰진	Metribuzin	H05
메티오졸린	Methiozolin	H30
메페나셋	Mefenacet	H15
몰리네이트	Molinate	H15
베플루부타미드	Beflubutamid	H12
벤설퓨론메틸	Bensulfuron—methyl	H02
벤조비사이클론	Benzobicyclon	H27
벤타존	Bentazon	H06
벤타존소듐	Bentazone—sodium	H06
벤퓨러세이트	Benfuresate	H15
벤플루랄린	Benfluralin	H03
뷰타클로르	Butachlor	H15
뷰타페나실	Butafenacil	H14
브로마실	Bromacil	H05
브로모뷰타이드	Bromobutide	미분류
비스피리박소듐	Bispyribac—sodium	H02
비페녹스	Bifenox	H14
사이클로설파뮤론	Cyclosulfamuron	H02
사이할로포프-뷰틸	Cyhalofop—butyl	H01
사플루페나실	Saflufenacil	H14
설펜트라존	Sulfentrazone	H14

한글명	일반명	표시기호
설포세이트	Sulfosate(=Glyphosate-trimesium)	H09
세톡시딤	Sethoxydim	H01
시마진	Simazine	H05
시메트린	Simetryne	H05
신메틸린	Cinmehtylin	H30
아닐로포스	Anilofos	H15
아술람소듐	Asulam-sodium	H18
아이속사벤	Isoxaben	H29
아이오도설퓨론메틸소듐	Iodosulfuron-methyl-sodium	H02
아짐설퓨론	Azimsulfuron	H02
알라클로르	Alachlor	H15
에스-메톨라클로르	S-Metolachlor	H15
에스프로카브	Esprocarb	H15
에탈플루랄린	Ethalfluralin	H03
에토퓨메세이트	Ethofumesate	H15
에톡시설퓨론	Ethoxysulfuron	H02
에피코코소루스네마토스포루스와이시에스제이 112	Epicoccosorus nematosporus YCSJ 112	미분류
엠시피비	MCPB	H04
엠시피비에틸	MCPB-ethyl	H04
엠시피에이	MCPA	H04
오르토설파뮤론	Orthosulfamuron	H02
오리잘린	Oryzalin	H03
옥사디아길	Oxadiargyl	H14
옥사디아존	Oxadiazon	H14
옥사지클로메폰	Oxaziclomefone	미분류
옥시플루오르펜	Oxyfluorfen	H14
이마자퀸	Imazaquin	H02
이마자피르	Imazapyr	H02
이마조설퓨론	Imazosulfuron	H02
이사-디	2,4-D	H04
이사-디에틸에스터	2,4-D ethylester	H04
이프펜카바존	Ipfencarbazone	H15
인다노판	Indanofan	H15
인다지플람	Indaziflam	H29
카펜스트롤	Cafenstrole	H15
카펜트라존에틸	Carfentrazone-ethyl	H14
퀴노클라민	Quinoclamine	미분류
퀴잘로포프에틸	Quizalofop-ethyl	H01
퀴잘로포프-피-에틸	Quizalofop-P-ethyl	H01
퀸메락	Quinmerac	H04
퀸클로락	Quinclorac	H04

한글명	일반명	표시기호
클레토딤	Clethodim	H01
클로르니트로펜	Chlornitrofen	H14
클로마존	Clomazone	H13
클로메톡시펜	Chlomethoxyfen	H14
터브틸라진	Terbuthylazine	H05
테닐크롤	Thenylchlor	H15
테퓨릴트리온	Tefuryltrione	H27
톨피라레이트	Tolpyralate	H27
트리아파몬	Triafamone	H02
트리클로피르	Triclopyr	H04
트리클로피르티이에이	Triclopyr-TEA	H04
트리플록시설퓨론소듐	Trifloxysulfuron-sodium	H02
트리플루디목사진	Trifludimoxazin	H14
트리플루랄린	Trifluralin	H03
티아페나실	Tiafenacil	H14
티오벤카브	Thiobencarb	H15
티펜설퓨론메틸	Thifensulfuron-methyl	H02
파라콰트디클로라이드	Paraquat dichloride	H22
퍼플루이돈	Perfluidone	미분류
페녹사설폰	Fenoxasulfone	H15
페녹사프로프-피-에틸	Fenoxaprop-P-ethyl	H01
페녹슐람	Penoxsulam	H02
페톡사미드	Pethoxamid	H15
펜디메탈린	Pendimethalin	H03
펜퀴노트리온	Fenquinotrione	H27
펜톡사존	Pentoxazone	H14
펜트라자마이드	Fentrazamide	H15
펠라르곤산	Pelargonic acid	미분류
포람설퓨론	Foramsulfuron	H02
프레틸라클로르	Pretilachlor	H15
프로디아민	Prodiamine	H03
프로메트린	Prometryne	H05
프로설포카브	Prosulfocarb	H15
프로파닐	Propanil	H05
프로파퀴자포프	Propaquizafop	H01
프로폭시딤	Profoxydim	H01
프로피리설퓨론	Propyrisulfuron	H02
프로피소클로르	Propisochlor	H15
플라자설퓨론	Flazasulfuron	H02
플루록시피르멥틸	Fluroxypyr-meptyl	H04
플루미옥사진	Flumioxazin	H14
플루세토설퓨론	Flucetosulfuron	H02

한글명	일반명	표시기호
플루아지포프-피-뷰틸	Fluazifop-P-butyl	H01
플루아지포프-뷰틸	Fluazifop-butyl	H01
플루옥시피르	Fluroxypyr	H04
플루티아셋메틸	Fluthiacet-methyl	H14
플루페나셋	Flufenacet	H15
플루폭삼	Flupoxam	H29
플루피록시펜벤질	Florpyrauxifen-benzyl	H04
피라조설퓨론에틸	Pyrazosulfuron-ethyl	H02
피라족시펜	Pyrazoxyfen	H27
피라졸레이트	Pyrazolate	H27
피라졸리네이트	Pyrazolynate	H27
피라클로닐	Pyraclonil	H14
피라플루펜에틸	Pyraflufen-ethyl	H14
피록사설폰	Pyroxasulfone	H15
피리미노박메틸	Pyriminobac-methyl	H02
피리미설판	Pyrimisulfan	H02
피리벤족심	Pyribenzoxim	H02
피리뷰티카브	Pyributicarb	미분류
피리프탈리드	Pyriftalid	H02
피페로포스	Piperophos	H15
할로설퓨론메틸	Halosulfuron-methyl	H02
할록시포프메틸	Haloxyfop-methyl	H01
할록시포프-알-메틸	Haloxyfop-R-methyl	H01
헥사지논	Hexazinone	H05

ⓒ 원제의 건강 및 환경유해성 급성독성의 구분

번호	구분	한글명	일반명	건강유해성	환경유해성
1	살균	가스가마이신	Kasugamycin	4급	등급이외
2	살충	감마사이할로트린	Gamma-cyhalothrin	1급	1급
3	제초	글루포시네이트 피	Glufosinate-P	4급	등급이외
4	제초	글루포시네이트암모늄	Glufosinate-ammonium	4급	등급이외
5	제초	글리포세이트암모늄	Glyphosate-ammonium	4급	등급이외
6	제초	글리포세이트이소프로필아민	Glyphosate-sopropylamine	4급	등급이외
7	제초	글리포세이트포타슘	Glyphosate-potassium	등급이외	등급이외
8	살충	기계유	Machine oil	3급	등급이외
9	제초	나프로아닐라이드	Naproanilide	4급	등급이외
10	제초	나프로파마이드	Napropamide	4급	등급이외
11	살균	네오아소진	Neoasozin	등급이외	등급이외
12	살균	노닐페놀설폰산구리	Nonyl phenolsulfonic acid copper	4급	1급
13	살충	노발루론	Novaluron	등급이외	등급이외
14	살균	뉴아리몰	Nuarimol	2급	등급이외

번호	구분	한글명	일반명	건강유해성	환경유해성
15	살균	니켈비스(디메틸디티오카바메이트)	Nickel bis (Dimethyldithiocarbamate)	등급이외	등급이외
16	제초	니코설퓨론	Nicosulfuron	등급이외	등급이외
17	제초	니트랄린	Nitralin	등급이외	1급
18	생조	다미노자이드	Daminozide	4급	등급이외
19	제초	다이뮤론	Daimuron	4급	1급
20	살충	다이아지논	Diazinon	3급	등급이외
21	생조	다이콰트디브로마이드	Diquat dibromide	3급	1급
22	살균	다조멧	Dazomet	4급	1급
23	살충	데메톤-에스-메틸	Demeton-S-methyl	2급	1급
24	살충	델타메트린	Deltamethrin	3급	1급
25	살균	디노캅	Dinocap	2급	1급
26	살충	디노테퓨란	Dinotefuran	4급	등급이외
27	살균	디니코나졸	Diniconazole	4급	1급
28	제초	디메타메트린	Dimethametryn	등급이외	1급
29	제초	디메테나미드	Dimethenamid	4급	1급
30	제초	디메테나미드-피	Dimethenamid-P	4급	1급
31	살균	디메토모르프	Dimethomorph	등급이외	등급이외
32	살충	디메토에이트	Dimethoate	3급	등급이외
33	균충	디메틸디설파이드	Dimethyl disulfide	3급	1급
34	살충	디메틸빈포스	Dimethylvinphos	3급	1급
35	제초	디메피퍼레이트	Dimepiperate	4급	등급이외
36	살균	디비이디시	DBEDC	3급	1급
37	살충	디설포톤	Disulfoton	1급	1급
38	살충	디아펜티우론	Diafenthiuron	3급	1급
39	살충	디알리포스	Dialifos	1급	1급
40	살균	디에토펜카브	Diethofencarb	4급	등급이외
41	기타	디옥틸소듐설포석시네이트	Dioctyl sodium sulfosuccinate	4급	등급이외
42	제초	디캄바	Dicamba	4급	등급이외
43	살충	디코폴	Dicofol	4급	1급
44	살충	디클로르보스	Dichlorvos	2급	1급
45	제초	디클로베닐	Dichlobenil	2급	등급이외
46	살균	디클로벤티아족스	Dichlobentiazox	4급	1급
47	살균	디클로플루아니드	Dichlofluanid	2급	1급
48	살균	디티아논	Dithianon	2급	1급
49	제초	디티오피르	Dithiopyr	등급이외	1급
50	살균	디페노코나졸	Difenoconazole	4급	1급
51	살충	디플루벤주론	Diflubenzuron	4급	1급
52	살충	딤프로피리다즈	Dimpropyridaz	4급	3급
53	살충	람다사이할로트린	Lambda cyhalothrin	2급	1급

번호	구분	한글명	일반명	건강유해성	환경유해성
54	살충	레피멕틴	Lepimectin	4급	1급
55	살충	루페뉴론	Lufenuron	4급	등급이외
56	제초	리뉴론	Linuron	4급	1급
57	제초	림설퓨론	Rimsulfuron	등급이외	등급이외
58	살균	마이클로뷰타닐	Myclobutanil	4급	등급이외
59	살균	만데스트로빈	Mandestrobin	4급	1급
60	살균	만디프로파미드	Mandipropamid	등급이외	등급이외
61	살균	만코제브	Mancozeb	등급이외	1급
62	살충	말라티온	Malathion	등급이외	1급
63	생조	말릭하이드라자이드	Maleic hydrazide	4급	등급이외
64	생조	말릭하이드라자이드콜린염	Choline salt of maleic hydra-zide	4급	등급이외
65	제초	메소트리온	Mesotrione	등급이외	1급
66	제초	메코프로프	Mecoprop	4급	등급이외
67	제초	메코프로프-피	Mecoprop-p	4급	등급이외
68	살충	메타미도포스	Methamidophos	2급	1급
69	제초	메타미포프	Metamifop	4급	1급
70	제초	메타벤즈티아주론	Methabenzthiazuron	3급	1급
71	제초	메타자클로르	Metazachlor	등급이외	1급
72	제초	메타조설퓨론	Metazosulfuron	등급이외	1급
73	살충	메타플루미존	Metaflumizone	등급이외	1급
74	살균	메탈락실	Metalaxyl	4급	1급
75	살균	메탈락실-엠	Metalaxyl-M	4급	등급이외
76	살충	메탐소듐	Metam-sodium	3급	1급
77	살균	메토미노스트로빈	Metominostrobin	4급	등급이외
78	살충	메토밀	Methomyl	2급	1급
79	제초	메토브로뮤론	Metobromuron	4급	1급
80	살충	메톡시페노자이드	Methoxyfenozide	4급	등급이외
81	제초	메톨라클로르	Metolachlor	4급	1급
82	살충	메톨카브	Metolcarb	2급	등급이외
83	살균	메트라페논	Metrafenone	등급이외	1급
84	제초	메트리뷰진	Metribuzin	4급	1급
85	살충	메트알데하이드	Metaldehyde	3급	등급이외
86	살균	메트코나졸	Metconazole	4급	등급이외
87	살충	메티다티온	Methidathion	1급	1급
88	제초	메티오졸린	Methiozolin	4급	1급
89	살충	메티오카브	Methiocarb	2급	1급
90	살균	메파니피림	Mepanipyrim	3급	1급
91	제초	메페나셋	Mefenacet	1급	1급
92	살균	메펜트리플루코나졸	Mefentrifluconazole	등급이외	1급
93	살균	메프로닐	Mepronil	4급	1급

번호	구분	한글명	일반명	건강유해성	환경유해성
94	살균	멥틸디노캅	Meptyldinocap	4급	1급
95	살충	모나크로스포륨타우마슘케이비시3017	Monacrosporium thaumasium KBC3 017	–	–
96	살충	모노크로토포스	Monocrotophos	2급	1급
97	제초	몰리네이트	Molinate	4급	1급
98	살충	바미도티온	Vamidothion	3급	1급
99	살균	바실루스발리스모르티스이엑스티엔-일	Bacillus vallismortis EXTN-1	–	–
100	살균	바실루스서브틸리스디비비1501	Bacillus subtilis DBB 1501	–	–
101	살균	바실루스서브틸리스시제이-9	Bacillus subtilis CJ-9	–	–
102	살균	바실루스서브틸리스이더블유42-1	Bacillus subtilis EW 42-1	–	–
103	살균	바실루스서브틸리스제이케이케이238	Bacillus subtilis JKK 238	–	–
104	살균	바실루스서브틸리스지비365	Bacillus subtilis GB-0365	–	–
105	살균	바실루스서브틸리스케이비401	Bacillus subtilis KB 401	–	–
106	살균	바실루스서브틸리스케이비시1010	Bacillussubtilis KBC 1010	–	–
107	살균	바실루스아밀로리퀴파시엔스케이비시1121	Bacillus amyloliquefaciens KBC 1121	–	–
108	살균	발리다마이신에이	Validamycin-A	등급이외	등급이외
109	살균	발리페날레이트	Valifenalate	4급	등급이외
110	살균	베날락실-엠	Benalaxyl-M	4급	등급이외
111	살균	베노밀	Benomyl	4급	1급
112	살충	베타사이플루트린	Beta-cyfluthrin	2급	1급
113	제초	베플루부타미드	Beflubutamid	등급이외	1급
114	살충	벤설탑	Bensultap	2급	1급
115	제초	벤설퓨론메틸	Bensulfuron-methyl	등급이외	1급
116	제초	벤조비사이클론	Benzobicyclon	4급	1급
117	살충	벤족시메이트	Benzoximate	등급이외	1급
118	제초	벤타존	Bentazone	4급	등급이외
119	제초	벤타존소듐	Bentazone-sodium	4급	등급이외
120	살균	벤티아발리카브아이소프로필	Benthiavalicarb-isopropyl	4급	등급이외
121	살충	벤퓨라카브	Benfuracarb	2급	1급
122	제초	벤퓨러세이트	Benfuresate	등급이외	등급이외
123	제초	벤플루랄린	Benfluralin	4급	1급
124	살균	보스칼리드	Boscalid	등급이외	등급이외
125	제초	뷰타클로르	Butachlor	3급	1급
126	제초	뷰타페나실	Butafenacil	등급이외	1급
127	생조	뷰트랄린	Butralin	4급	1급
128	살충	뷰프로페진	Buprofezin	4급	1급
129	제초	브로마실	Bromacil	4급	1급
130	제초	브로모뷰타이드	Bromobutide	2급	등급이외

번호	구분	한글명	일반명	건강유해성	환경유해성
131	살충	브로모프로필레이트	Bromopropylate	4급	1급
132	살충	브로플라닐라이드	Broflanilide	4급	1급
133	살균	블라드	Blad	등급이외	등급이외
134	살균	블라스티시딘-에스	Blasticidin-S	2급	등급이외
135	살충	비스트리플루론	Bistrifluron	4급	1급
136	제초	비스피리박소듐	Bispyribac-sodium	4급	등급이외
137	살균	비터타놀	Bitertanol	4급	등급이외
138	살충	비티아이자와이 지비413	Bacillus thuringiensis subsp. aizawai GB 413	−	−
139	살충	비티아이자와이엔티 423	Bacillus thuringiensis subsp. aizawai NT0 423	−	−
140	살충	비티쿠르스타키	B.T. subsp. Kurstaki	−	−
141	살충	비페나제이트	Bifenazate	4급	1급
142	제초	비페녹스	Bifenox	3급	1급
143	살충	비펜트린	Bifenthrin	3급	1급
144	살균	빈클로졸린	Vinclozolin	등급이외	등급이외
145	생조	사-시피에이	4-CPA(Chlorophenoxy acetate)	등급이외	등급이외
146	살충	사이로마진	Cyromazine	4급	등급이외
147	살균	사이목사닐	Cymoxanil	3급	1급
148	살균	사이아조파미드	Cyazofamid	등급이외	1급
149	살충	사이안트라닐리프롤	Cyantraniliprole	등급이외	1급
150	살충	사이에노피라펜	Cyenopyrafen	등급이외	1급
151	살충	사이클라닐리프롤	Cyclaniliprole	4급	1급
152	균충	사이클로뷰트리플루람	Cyclobutrifluram	4급	등급이외
153	제초	사이클로설파뮤론	Cyclosulfamuron	4급	1급
154	살충	사이클로프로트린	Cycloprothrin	4급	1급
155	살충	사이퍼메트린	Cypermethrin	4급	1급
156	살균	사이프로디닐	Cyprodinil	4급	1급
157	살균	사이프로코나졸	Cyproconazole	4급	1급
158	살충	사이플루메토펜	Cyflumetofen	4급	1급
159	살충	사이플루트린	cyfluthrin	2급	1급
160	살균	사이플루페나미드	Cyflufenamid	4급	등급이외
161	제초	사이할로프뷰틸	Cyhalofop-butyl	등급이외	1급
162	살충	사이헥사틴	Cyhexatin	2급	1급
163	제초	사플루페나실	Saflufenacil	등급이외	1급
164	제초	설펜트라존	Sulfentrazone	4급	1급
165	제초	설포세이트	Sulfosate	4급	등급이외
166	살충	설폭사플로르	Sulfoxaflor	4급	1급
167	제초	세톡시딤	Sethoxydim	등급이외	1급
168	생조	소듐-1-나프틸아세테이트	Sodium-1-apthaleneactate	4급	등급이외

번호	구분	한글명	일반명	건강유해성	환경유해성
169	생조	소듐5-니트로과이아콜레이트(아토닉)	Sodium 5-nitroguaiacolate	4급	등급이외
170	기타 (전착)	소듐리그노설포네이트	Sodium ligno sulfonate[SLS (Aspas)]	1급	1급
171	생조	소듐오르토니트로페놀레이트	SodiumO-nitrophenolate	4급	등급이외
172	생조	소듐파라니트로페놀레이트	Sodiump-nitrophenolate	4급	등급이외
173	살균	스트렙토마이세스 고시키엔시스 더블유와이이 324	Streptomyces goshikiensis WYE 324	–	–
174	살균	스트렙토마이세스 콜롬비엔시스 더블유와이이 20	Streptomyces colombiensis WYE 20	–	–
175	살균	스트렙토마이신	Streptomycin	1급	1급
176	살균	스트렙토마이신황산염	Streptomycin(sulfate salt)	3급	1급
177	살충	스피네토람	Spinetoram	등급이외	1급
178	살충	스피노사드	Spinosad	등급이외	등급이외
179	살충	스피로디클로펜	Spirodiclofen	등급이외	1급
180	살충	스피로메시펜	Spiromesifen	4급	1급
181	살충	스피로테트라맷	Spirotetramat	4급	등급이외
182	살균	스피로피디온	Spiropidion	4급	1급
183	제초	시마진	Simazine	등급이외	1급
184	살균	시메코나졸	Simeconazole	4급	등급이외
185	제초	시메트린	Simetryn	4급	1급
186	제초	신메틸린	Cinmethylin	등급이외	등급이외
187	살충	실라플루오펜	Silafluofen	등급이외	1급
188	기타 (전착)	실록세인	Siloxane	5급	2급
189	살균	심플리실리움라멜리코라비시피	Simplicilliumlamellicola BCP	–	–
190	제초	아닐로포스	Anilofos	4급	등급이외
191	살균	아메톡트라딘	Ametoctradin	등급이외	1급
192	살균	아미설브롬	Amisulbrom	4급	1급
193	살충	아미트라즈	Amitraz	3급	1급
194	살충	아바멕틴	Abamectin	1급	1급
195	살충	아사이노나피르	Acynonapyr	4급	1급
196	살충	아세퀴노실	Acequinocyl	3급	1급
197	살충	아세타미프리드	Acetamiprid	3급	등급이외
198	살충	아세페이트	Acephate	4급	등급이외
199	제초	아술람소듐	Asulam-sodium	4급	1급
200	살균	아시벤졸라-에스-메틸	Acibenzolar-S-methyl	등급이외	1급
201	살충	아이소사이클로세람	Isocycloseram	4급	1급
202	살균	아이소티아닐	Isotianil	등급이외	등급이외
203	살균	아이소페타미드	Isofetamid	4급	등급이외
204	살충	아이소프로카브	Isoprocarb	3급	1급

번호	구분	한글명	일반명	건강유해성	환경유해성
205	살균	아이소프로티올레인	Isoprothiolane	4급	등급이외
206	살균	아이소피라잠	Isopyrazam	등급이외	1급
207	제초	아이속사벤	Isoxaben	4급	1급
208	생조	아이에이에이	IAA	3급	1급
209	살충	아자디락틴	Azadirachtin	3급	등급이외
210	살충	아조사이클로틴	Azocyclotin	1급	1급
211	살균	아족시스트로빈	Azoxystrobin	3급	1급
212	살충	아진포스메틸	Azinphos-methyl	2급	1급
213	제초	아짐설퓨론	Azimsulfuron	등급이외	1급
214	살충	아크리나트린	Acrinathrin	3급	1급
215	살충	아피도피로펜	Afidopyropen	등급이외	등급이외
216	살충	알라니카브	Alanycarb	2급	1급
217	제초	알라클로르	Alachlor	4급	1급
218	살충	알루미늄포스파이드	Aluminium phosphide	1급	1급
219	살충	알파사이퍼메트린	Alpha-cypermethrin	3급	1급
220	살균	암펠로마이세스 퀴스퀄리스 에이큐 94013	Ampelomyces quisqualis AQ 94013	–	–
221	살균	에디펜포스	Edifenphos	3급	1급
222	살충	에마멕틴벤조에이트	Emamectin benzoate	3급	1급
223	제초	에스-메톨라클로르	S-Metolachlor	4급	1급
224	살충	에스펜발러레이트	Esfenvalerate	2급	1급
225	제초	에스프로카브	Esprocarb	4급	1급
226	살균	에타복삼	Ethaboxam	4급	1급
227	제초	에탈플루랄린	Ethalfluralin	3급	1급
228	생조	에테폰	Ethephon	4급	등급이외
229	살충	에토펜프록스	Etofenprox	등급이외	1급
230	살충	에토프로포스	Ethoprophos	1급	1급
231	살충	에톡사졸	Etoxazole	4급	1급
232	제초	에톡시설퓨론	Ethoxysulfuron	4급	1급
233	살균	에트리디아졸	Etridiazole	3급	1급
234	생조	에티클로제이트	Ethychlozate	4급	등급이외
235	살충	에틸포메이트	Ethylformate	4급	등급이외
236	살균	에폭시코나졸	Epoxiconazole	등급이외	등급이외
237	제초	에피코코소루스네마토스포루스와 이시에스제이112	Epicoccosorus nematosporus YCSJ 112	–	–
238	살충	엑스엠시	XMC	3급	1급
239	살충	엔도설판	Endosulfan	1급	1급
240	제초	엠시피비-에틸	MCPB-ethyl	4급	등급이외
241	제초	엠시피에이	MCPA	4급	등급이외
242	제초	오르토설파뮤론	Orthosulfamuron	4급	등급이외
243	살균	오리사스트로빈	Orysastrobin	4급	1급

번호	구분	한글명	일반명	건강유해성	환경유해성
244	제초	오리잘린	Oryzalin	4급	등급이외
245	살충	오메토에이트	Omethoate	2급	1급
246	살균	오퓨레이스	Ofurace	4급	1급
247	제초	옥사디아길	Oxadiargyl	등급이외	1급
248	제초	옥사디아존	Oxadiazon	4급	1급
249	살균	옥사딕실	Oxadixyl	4급	등급이외
250	제초	옥사지클로메폰	Oxaziclomefone	등급이외	등급이외
251	살균	옥사티아피프롤린	Oxathiapiprolin	등급이외	1급
252	살균	옥솔린산	Oxolinic acid	4급	등급이외
253	살균	옥시카복신	Oxycarboxin	4급	1급
254	살균	옥시테트라사이클린	Oxytetracycline	등급이외	1급
255	살균	옥시테트라사이클린다이하이드레이트	Oxytetracycline dihydrate	등급이외	1급
256	살균	옥시테트라사이클린칼슘알킬트리메틸암모늄	Oxytetracycline calcium alkyltrimethylammonium	등급이외	1급
257	살균	옥시테트라사이클린하이드로클로라이드	Oxytetracycline hydrochloride	등급이외	1급
258	제초	옥시플루오르펜	Oxyfluorfen	4급	1급
259	살균	옥신코퍼	Oxine-copper	3급	1급
260	기타	옥틸페녹시폴리에톡시에탄올	Octyl phenoxy polyethoxy-Ethanol	1급	1급
261	생조	육-비에이	6-Benzylaminopurine	4급	1급
262	생조	이나벤파이드	Inabenfide	등급이외	1급
263	제초	이마자퀸	Imazaquin	등급이외	등급이외
264	제초	이마자피르	Imazapyr	등급이외	등급이외
265	제초	이마조설퓨론	Imazosulfuron	4급	등급이외
266	살균	이미녹타딘트리스알베실레이트	Iminoctadine tris(albesilate)	3급	1급
267	살균	이미녹타딘트리아세테이트	Iminoctadine triacetate	1급	1급
268	살충	이미다클로프리드	Imidacloprid	4급	등급이외
269	살균	이미벤코나졸	Imibenconazole	4급	1급
270	살충	이미시아포스	Imicyafos	3급	1급
271	제초	이사-디	2,4-D	4급	등급이외
272	제초	이사-디에틸에스터	2,4-D ethylester	4급	등급이외
273	살균	이프로디온	Iprodione	등급이외	1급
274	살균	이프로발리카브	Iprovalicarb	4급	등급이외
275	살균	이프로벤포스	Iprobenfos(IBP)	3급	1급
276	살균	이프코나졸	Ipconazole	4급	1급
277	제초	이프펜카바존	Ipfencarbazone	등급이외	1급
278	살균	이프플루페노퀸	Ipflufenoquin	등급이외	등급이외
279	살충	이피엔	EPN	1급	1급
280	제초	인다노판	Indanofan	4급	1급

번호	구분	한글명	일반명	건강유해성	환경유해성
281	제초	인다지플람	Indaziflam	4급	1급
282	살충	인독사카브	Indoxacarb	4급	1급
283	살충	제타사이퍼메트린	Zeta-cypermethrin	3급	1급
284	살균	족사마이드	Zoxamide	등급이외	1급
285	살균	지네브	Zineb	3급	1급
286	생조	지베렐린산	Gibberellic acid	4급	등급이외
287	생조	지베렐린에이포세븐	Gibberellin A$_{4+7}$	4급	등급이외
288	살충	카두사포스	Cadusafos	1급	1급
289	살충	카바릴	Carbaryl	3급	1급
290	살균	카벤다짐	Carbendazim	등급이외	1급
291	살충	카보설판	Carbosulfan	3급	1급
292	살충	카보퓨란	Carbofuran	1급	1급
293	살균	카복신	Carboxin	4급	1급
294	살충	카탑하이드로클로라이드	Cartap hydrochloride	3급	1급
295	제초	카펜스트롤	Cafenstrole	4급	1급
296	제초	카펜트라존에틸	Carfentrazone-ethyl	등급이외	1급
297	살균	카프로파미드	Carpropamid	등급이외	등급이외
298	생조	칼슘카보네이트	Calcium carbonate	3급	등급이외
299	살균	캡타폴	Captafol	3급	1급
300	살균	캡탄	Captan	3급	1급
301	살균	코퍼설페이트베이직	Copper sulfate, basic	3급	등급이외
302	살균	코퍼옥시클로라이드	Copper oxychloride	4급	1급
303	살균	코퍼하이드록사이드	Copper hydroxide	2급	1급
304	살충	퀴날포스	Quinalphos	2급	1급
305	제초	퀴노클라민	Quinoclamine	3급	1급
306	제초	퀴잘로포프에틸	Quizalofop-ethyl	3급	1급
307	제초	퀸메락	Quinmerac	등급이외	등급이외
308	제초	퀸클로락	Quinclorac	등급이외	등급이외
309	살균	큐프러스옥사이드	Cuprous oxide	4급	1급
310	살균	크레속심메틸	Kresoxim-methyl	등급이외	1급
311	살충	크로마페노자이드	Chromafenozide	4급	등급이외
312	제초	클레토딤	Clethodim	등급이외	등급이외
313	살충	클로란트라닐리프롤	Chlorantraniliprole	등급이외	1급
314	살균	클로로탈로닐	Chlorothalonil	2급	1급
315	제초	클로르나이트로펜	Chlornitrofen(CNP)	3급	등급이외
316	생조	클로르메캇클로라이드	Chlormequat chloride	4급	등급이외
317	살충	클로르페나피르	Chlorfenapyr	3급	1급
318	살충	클로르펜빈포스	Chlorfenvinphos	1급	1급
319	생조	클로르프로팜	Chlorpropham	2급	등급이외
320	살충	클로르플루아주론	Chlorfluazuron	4급	1급
321	살충	클로르피리포스	Chlorpyrifos	2급	1급

번호	구분	한글명	일반명	건강유해성	환경유해성
322	살충	클로르피리포스메틸	Chlorpyrifos-methyl	3급	1급
323	제초	클로마존	Clomazone	4급	1급
324	제초	클로메톡시펜	Chlomethoxyfen	등급이외	등급이외
325	살충	클로티아니딘	Clothianidin	4급	등급이외
326	살충	클로펜테진	Clofentezine	4급	1급
327	제초	터부틸라진	Terbuthylazine	4급	1급
328	살충	터부포스	Terbufos	1급	1급
329	제초	테닐클로르	Thenylchlor	등급이외	1급
330	살균	테부코나졸	Tebuconazole	4급	등급이외
331	살충	테부페노자이드	Tebufenozide	4급	1급
332	살충	테부펜피라드	tebufenpyrad	3급	1급
333	살균	테부플로퀸	Tebufloquin	4급	1급
334	살충	테부피림포스	Tebupirimfos	1급	1급
335	살균	테클로프탈람	Teclofthalam	4급	1급
336	살충	테트라닐리프롤	Tetraniliprole	등급이외	1급
337	살충	테트라디폰	Tetradifon	4급	등급이외
338	살균	테트라코나졸	Tetraconazole	4급	1급
339	살충	테트라클로르빈포스	Tetrachlorvinphos	3급	1급
340	제초	테퓨릴트리온	Tefuryltrione	4급	등급이외
341	살충	테플루벤주론	Teflubenzuron	등급이외	1급
342	살충	테플루트린	Tefluthrin	1급	1급
343	살균	톨릴플루아니드	Tolylfluanid	2급	1급
344	살균	톨클로포스메틸	Tolclofos-methyl	4급	1급
345	제초	톨피라레이트	Tolpyralate	4급	등급이외
346	살충	트랄로메트린	Tralomethrin	2급	1급
347	생조	트리넥사팍에틸	Trinexapac-ethyl	등급이외	등급이외
348	살균	트리베이식코퍼설페이트	Tribasic copper sulfate	4급	1급
349	살균	트리사이클라졸	Tricyclazole	3급	등급이외
350	살균	트리아디메놀	Triadimenol	3급	등급이외
351	살균	트리아디메폰	Triadimefon	2급	1급
352	제초	트리아파몬	Triafamone	등급이외	등급이외
353	살균	트리코더마하지아눔와이시459	Trichodermaharzianum YC 459	–	–
354	살충	트리클로르폰	Trichlorfon	3급	1급
355	제초	트리클로피르	Triclopyr	4급	등급이외
356	제초	트리클로피르티이에이	Triclopyr-TEA	등급이외	등급이외
357	살균	트리티코나졸	Triticonazole	등급이외	등급이외
358	살균	트리포린	Triforine	등급이외	등급이외
359	제초	트리플록시설퓨론-소듐	Trifloxysulfuron-sodium	등급이외	1급
360	살균	트리플록시스트로빈	Trifloxystrobin	4급	1급
361	제초	트리플루디목사진	Trifludimoxazin	4급	1급

번호	구분	한글명	일반명	건강유해성	환경유해성
362	제초	트리플루랄린(트리린)	Trifluralin	4급	1급
363	살충	트리플루메조피림	Triflumezopyrim	등급이외	등급이외
364	살충	트리플루뮤론	Triflumuron	등급이외	1급
365	살균	트리플루미졸	Triflumizole	4급	1급
366	생조	티디아주론	Thidiazuron	4급	1급
367	살균	티람	Thiram	4급	1급
368	살균	티아디닐	Tiadinil	4급	등급이외
369	살충	티아메톡삼	Thiamethoxam	4급	등급이외
370	살균	티아벤다졸	Thiabendazole	등급이외	1급
371	살충	티아클로프리드	Thiacloprid	3급	등급이외
372	제초	티아페나실	Tiafenacil	등급이외	1급
373	살충	티오디카브	Thiodicarb	3급	1급
374	살충	티오메톤	Thiometon	2급	등급이외
375	제초	티오벤카브	Thiobencarb	4급	1급
376	살충	티오사이클람하이드로젠옥살레이트	Thiocyclam hydrogen oxalate	3급	1급
377	살균	티오파네이트메틸	Thiophanate-methyl	4급	등급이외
378	살균	티플루자마이드	Thifluzamide	4급	등급이외
379	살충	파라티온	Parathion	1급	1급
380	살충	파라핀오일	Paraffinic oil	등급이외	등급이외
381	살균	파목사돈	Famoxadone	등급이외	1급
382	생조	파클로부트라졸	Paclobutrazol	4급	등급이외
383	살균	패니바실루스폴리믹사에이시-1	Paenibacillus polymyxa AC-1	-	-
384	제초	파라콰트디클로라이드	Paraquat dichloride	1급	1급
385	생조	패티알코올	Fatty alcohol	등급이외	등급이외
386	살균	퍼밤	Ferbam	2급	1급
387	제초	퍼플루이돈	Perfluidone	4급	등급이외
388	살균	페나리몰	Fenarimol	3급	1급
389	살균	페나미돈	Fenamidone	4급	1급
390	살충	페나자퀸	Fenazaquin	3급	1급
391	살균	페나진옥사이드	phenazine oxide	등급이외	등급이외
392	살충	페노뷰카브	Fenobucarb	1급	1급
393	살충	페노티오카브	Fenothiocarb	4급	1급
394	살균	페녹사닐	Fenoxanil	등급이외	등급이외
395	제초	페녹사설폰	Fenoxasulfone	등급이외	1급
396	제초	페녹사프로프-피-에틸	Fenoxaprop-P-ethyl	4급	1급
397	제초	페녹슐람	Penoxsulam	4급	1급
398	살충	페녹시카브	Fenoxycarb	4급	1급
399	살충	페니트로티온	Fenitrothion	3급	1급
400	살균	페림존	Ferimzone	4급	등급이외
401	제초	페톡사미드	Pethoxamid	4급	1급

번호	구분	한글명	일반명	건강유해성	환경유해성
402	제초	펜디메탈린	Pendimethalin	등급이외	1급
403	살충	펜발러레이트	Fenvalerate	3급	1급
404	살균	펜뷰코나졸	Fenbuconazole	4급	1급
405	살충	펜뷰타틴옥사이드	Fenbutatin oxide	2급	1급
406	살균	펜사이큐론	Pencycuron	등급이외	1급
407	살균	펜코나졸	Penconazole	4급	등급이외
408	제초	펜퀴노트리온	Fenquinotrione	4급	등급이외
409	제초	펜클로림	Fenclorim	4급	1급
410	살충	펜토에이트	Phenthoate	3급	1급
411	제초	펜톡사존	Pentoxazone	등급이외	1급
412	제초	펜트라자마이드	Fentrazamide	등급이외	1급
413	살균	펜티오피라드	Penthiopyrad	등급이외	1급
414	살충	펜티온	Fenthion	2급	1급
415	살충	펜프로파트린	Fenpropathrin	3급	1급
416	살균	펜플루펜	Penflufen	4급	1급
417	살균	펜피라자민	Fenpyrazamine	4급	1급
418	살충	펜피록시메이트	Fenpyroximate	2급	1급
419	살균	펜헥사미드	Fenhexamid	등급이외	등급이외
420	제초	포람설퓨론	Foramsulfuron	등급이외	등급이외
421	살충	포레이트	Phorate	1급	1급
422	살균	포세틸알루미늄	Fosetyl−Aluminium	등급이외	등급이외
423	살충	포스티아제이트	Fosthiazate	3급	1급
424	살충	포스파미돈	Phosphamidon	1급	1급
425	살충	폭심	Phoxim	3급	1급
426	전착	폴리옥시에틸렌 프로헵실록세인	Polyoxyethylene prohepsil−oxane	등급이외	등급이외
427	기타 (전착)	폴리옥시에틸렌알킬아릴에테르	Polyoxy ethylene alkylary−lether(PEAAE)	1급	등급이외
428	살균	폴리옥신−디	Polyoxin−D	4급	등급이외
429	살균	폴리옥신컴플렉스	Polyoxincomplex	4급	등급이외
430	살균	폴펫	Folpet	4급	1급
431	살균	퓨라메트피르	Furametpyr	4급	등급이외
432	살충	퓨라티오카브	Furathiocarb	2급	1급
433	제초	프레틸라클로르	Pretilachlor	4급	1급
434	제초	프로메트린	Prometryn	4급	1급
435	살균	프로베나졸	Probenazole	4급	1급
436	살균	프로사이미돈	Procymidone	4급	등급이외
437	제초	프로설포카브	Prosulfocarb	4급	1급
438	살균	프로퀴나지드	Proquinazid	등급이외	1급
439	살균	프로클로라즈	Prochloraz	4급	등급이외
440	살균	프로클로라즈망가니즈	Prochloraz mangenease	4급	등급이외

번호	구분	한글명	일반명	건강유해성	환경유해성
441	살균	프로클로라즈코퍼클로라이드	Prochloraz copper chloride complex	4급	1급
442	살충	프로티오포스	Prothiofos	4급	1급
443	제초	프로파닐	Propanil	4급	1급
444	살균	프로파모카브하이드로클로라이드	Propamocarb hydrochloride	등급이외	등급이외
445	살충	프로파자이트	Propargite	3급	1급
446	제초	프로파퀴자포프	Propaquizafop	4급	1급
447	살충	프로페노포스	Profenofos	3급	1급
448	살충	프로폭서	Propoxur	2급	1급
449	살균	프로피네브	Propineb	4급	1급
450	제초	프로피리설퓨론	Propyrisulfuron	4급	1급
451	제초	프로피소클로르	Propisochlor	4급	1급
452	살균	프로피코나졸	Propiconazole	4급	등급이외
453	생조	프로하이드로자스몬	Prohydrojasmon	4급	등급이외
454	생조	프로헥사디온칼슘	Prohexadione-calcium	4급	등급이외
455	살균	프탈라이드	Fthalide	4급	등급이외
456	제초	플라자설퓨론	Flazasulfuron	등급이외	1급
457	살충	플로니카미드	Flonicamid	4급	등급이외
458	제초	플로르피록시펜벤질	Florpyrauxifen-benzyl	등급이외	1급
459	살균	플로릴피콕사미드	Florylpicoxamid	등급이외	1급
460	살충	플로메토퀸	Flometoquin	3급	1급
461	살균	플루디옥소닐	Fludioxonil	4급	1급
462	제초	플루록시피르	Fluroxypyr	2급	등급이외
463	제초	플루록시피르멥틸	Fluroxypyr-meptyl	4급	1급
464	제초	플루미옥사진	Flumioxazin	4급	1급
465	살충	플루발리네이트	Fluvalinate	2급	1급
466	살충	플루벤디아마이드	Flubendiamide	2급	1급
467	살충	플루사이클록수론	Flucycloxuron	4급	1급
468	살충	플루사이트리네이트	Flucythrinate	3급	1급
469	살균	플루설파마이드	Flusulfamide	2급	1급
470	제초	플루세토설퓨론	Flucetosulfuron	등급이외	등급이외
471	살균	플루실라졸	Flusilazole	4급	등급이외
472	살충	플루아자인돌리진	Fluazaindolizine	4급	등급이외
473	살균	플루아지남	Fluazinam	4급	1급
474	제초	플루아지포프-뷰틸	Fluazifop-butyl	등급이외	1급
475	제초	플루아지포프-피-뷰틸	Fluazifop-P-butyl	등급이외	1급
476	살충	플루아크리피림	Fluacrypyrim	등급이외	1급
477	살충	플루엔설폰	Fluensulfon	4급	1급
478	살균	플루오로이미드	Fluoroimide	3급	등급이외
479	살균	플루오피람	Fluopyram	등급이외	1급
480	살균	플루오피콜라이드	Fluopicolide	등급이외	1급

번호	구분	한글명	일반명	건강유해성	환경유해성
481	살균	플루옥사피프롤린	Fluoxapiprolin	4급	등급이외
482	살균	플루인다피르	Fluindapyr	등급이외	1급
483	살균	플루퀸코나졸	Fluquinconazole	3급	1급
484	살균	플루톨라닐	Flutolanil	등급이외	1급
485	살균	플루트리아폴	Flutriafol	4급	등급이외
486	살균	플루티아닐	Flutianil	등급이외	1급
487	제초	플루티아셋메틸	Fluthiacet-methyl	등급이외	1급
488	제초	플루페나셋	Flufenacet	4급	1급
489	살충	플루페녹수론	Flufenoxuron	등급이외	1급
490	제초	플루폭삼	Flupoxam	등급이외	등급이외
491	살충	플루피라디퓨론	Flupyradifurone	4급	등급이외
492	살충	플루피라조포스	Flupyrazofos	3급	1급
493	살충	플루피리민	Flupyrimin	4급	등급이외
494	살충	플룩사메타마이드	Fluxametamide	등급이외	1급
495	살균	플룩사피록사드	Fluxapyroxad	등급이외	1급
496	살균	피디플루메토펜	Pydiflumetofen	등급이외	1급
497	제초	피라조설퓨론에틸	Pyrazosulfuron-ethyl	4급	등급이외
498	살균	피라조포스	Pyrazophos	3급	1급
499	제초	피라족시펜	Pyrazoxyfen	2급	1급
500	제초	피라졸레이트	pyrazolate	4급	1급
501	살균	피라지플루미드	Pyraziflumid	4급	등급이외
502	제초	피라클로닐	Pyraclonil	4급	1급
503	살균	피라클로스트로빈	Pyraclostrobin	3급	1급
504	살충	피라클로포스	Pyraclofos	3급	1급
505	제초	피라플루펜에틸	Pyraflufen-ethyl	4급	1급
506	제초	피록사설폰	Pyroxasulfone	등급이외	1급
507	살충	피리다벤	Pyridaben	3급	1급
508	살충	피리다펜티온	Pyridaphenthion	4급	등급이외
509	살충	피리달릴	Pyridalyl	4급	1급
510	살균	피리메타닐	Pyrimethanil	4급	등급이외
511	제초	피리미노박메틸	Pyriminobac-methyl	등급이외	등급이외
512	살충	피리미디펜	Pyrimidifen	2급	1급
513	제초	피리미설판	Pyrimisulfan	4급	1급
514	살충	피리미카브	Pirimicarb	2급	1급
515	살충	피리미포스메틸	Pirimiphos-methyl	4급	1급
516	제초	피리벤족심	Pyribenzoxim	4급	등급이외
517	살균	피리벤카브	Pyribencarb	3급	1급
518	제초	피리뷰티카브	Pyributicarb	등급이외	1급
519	살균	피리오페논	Pyriofenone	등급이외	등급이외
520	살충	피리프록시펜	Pyriproxyfen	4급	1급
521	제초	피리프탈리드	Pyriftalid	등급이외	등급이외

번호	구분	한글명	일반명	건강유해성	환경유해성
522	살충	피리플루퀴나존	Pyrifluquinazon	4급	1급
523	살충	피메트로진	Pymetrozine	4급	등급이외
524	살균	피카뷰트라족스	Picarbutrazox	등급이외	1급
525	살균	피콕시스트로빈	Picoxystrobin	2급	1급
526	제초	피페로포스	Piperophos	3급	1급
527	살충	피프로닐	Fipronil	3급	1급
528	살충	피플루뷰마이드	Pyflubumide	등급이외	1급
529	살균	하이멕사졸	Hymexazol	3급	등급이외
530	제초	할로설퓨론메틸	Halosulfuron-methyl	등급이외	1급
531	제초	할록시포프-메틸	Haloxyfop-methyl	4급	1급
532	제초	할록시포프-아르-메틸	Haloxyfop-R-methyl	4급	1급
533	제초	헥사지논	Hexazinone	4급	1급
534	살균	헥사코나졸	Hexaconazole	등급이외	1급
535	살충	헥시티아족스	Hexythiazox	4급	1급
536	살균	황	Sulfur	4급	1급
537	제초	피리데이트	Pyridate	등급이외	1급
538	살충	에탄디니트릴	Ethanedinitrile	1급	등급이외
539	살균	피리다클로메틸	Pyridachlometyl	등급이외	1급
540	제초	란코트리온소듐	Lancotrione sodium	3급	등급이외

(2) 농약의 희석 방법

① 약제의 희석법

㉠ 비중이 1에 가까운 약제를 희석할 때는 용량계로 취해서 희석해도 좋으나 비중이 큰 액체는 이렇게 하면 주제의 함유량이 많아지므로 중량으로 환산해서 희석한다.

㉡ 액제의 희석법

> 희석에 소요되는 물의 양 = 원액의 용량 × [(원액의 농도/희석하려는 농도) − 1] × 원액의 비중

예 25% EPN유제(비중 1.0) 100cc를 0.05%의 살포액을 만드는 데 소요되는 물의 양은
100 × (25/0.05 − 1) × 1 = 49,900cc

㉢ 분제의 희석법

> 희석에 소요되는 증량제의 양 = 원분제의 중량(g) × [(원분제의 농도/원하는 농도) − 1]

예 12% BHC분말 1kg을 1% BHC분말로 만들려면 1kg × (12/1 − 1) = 11kg

② 농약의 조제법

㉠ 배액 조제법

> 소요약량 = 단위면적당 사용량/소요 희석 배수

ⓛ 퍼센트액 조제법 : 일정한 농도의 원액을 %액으로 희석할 때 희석에 필요한 물의 양

> 희석에 필요한 물의 양 = 원액의 용량 × [(원액의 농도/희석할 농도) − 1] × 원액의 비중

ⓒ 분제의 희석법

> 희석할 증량제의 중량 = 원분제의 중량 × [(원분제의 농도/희석할 농도) − 1]

ⓔ 석회황합제 농약의 조제 방법
- 생석회와 황을 1 : 2의 중량비로 배합하여 가압솥에 넣는다.
- 소요량의 물을 가하여 2기압으로 120~130℃에서 1시간 가열반응을 한다.
- 30분간 숙성 냉각 후에 불용물을 가압여과기로 걸러 낸 후 공기와 차단한다.
- 조제가 끝난 것은 적갈색의 투명한 액체로 강한 알칼리성이다.

(3) 농약의 살포 방법

① 액제 살포법

분무법	• 다량의 액제 살포 시 분무기를 이용하는 법 • 유제, 수화제, 수용제 같은 약제를 물에 탄 약제를 분무기로 가늘게 뿜어내어 살포함 • 비산에 의한 손실이 적음 • 작물에 부착성 및 고착성이 좋음 • 입자의 지름 0.1~0.2mm(100~200μm)
미스트법	• 미스트기로 만든 미립자를 살포하는 것 • 살포량이 분무법의 1/3~1/4 정도지만 농도는 2~3배 높음 • 입경 0.035~0.1mm • 용수가 부족한 곳에 적합, 살포 시 시간, 노력, 자재 절감 • 살포 시 분무입자에 대한 운동에너지가 높아 작물체에 입자의 부착 및 확전효과도 높음 → 약해가 적은 편
스프링클러법	• 스프링클러를 사용하여 살포하는 방법 • 노력을 절감시킬 수 있으나 잎 뒷면의 부착성이 떨어지므로 침투성 약제 권장

② 고형제 살포법

살분법	• 분제 농약을 살포하는 방법으로 다공 호스를 이용한 파이프더스터법이 많이 사용 • 장점 : 작업이 간편함, 노력이 적게 들며 용수가 필요치 않음 • 단점 : 약제가 많이 들고 효과가 낮으며 비산에 의한 주변 농작물이나 익충 피해 우려 • 갖추어야 할 물리적 성질 : 분산성, 비산성, 부착성, 고착성, 안정성
연무법	• 미스트보다 미립자인 주제를 연무질로 해서 처리하는 방법 • 고체나 액체의 미립자(입경 20μm 이하)를 공기 중에 부유시킴 • 분무법이나 살분법보다 잘 부착하나 비산성이 커 주로 하우스 내에서 적용 • 비점이 낮은 용제에 주제와 비휘발성 기름을 용해 가압 충진

③ 기타 살포법

　　㉠ 훈증법 : 클로로피크린 등으로 가스를 발산해 밀폐공간에서의 저장곡물이나 토양을 소독한다.

　　㉡ 훈연법 : 약제를 연기의 형태로 해서 사용하는 방법이다.

　　㉢ 침지법 : 종자 또는 모종을 약제 희석액에 일정 시간 담가서 소독하는 방법이다.

　　㉣ 도말법
　　　• 종자를 소독하기 위해 분제나 수화제로 건조한 종자에 입혀 살균·살충한다.
　　　• 주로 종자 소독이나 해충 방제, 조류에 대한 기피제로 사용한다.

　　㉤ 도포법 : 나무의 수간이나 지하에서 월동하는 해충이 오르거나 내려가지 못하게 끈끈한 액체를 발라서 해충을 방제하는 방법이다.

　　㉥ 독이법 : 쥐나 해충 등이 잘 먹는 모이에 농약을 가하여 야외에 살포하여 유해 동물을 구제하는 방법이다.

　　㉦ 수면시용 : 담수 상태의 논에 모내기 전후의 잡초나 해충 방제용으로 입제 등을 살포한다.

　　㉧ 관주법 : 토양 병해충의 방제를 위하여 약제 희석액을 뿌리 근처 토양에 직접 주입하는 방법이다.

　　㉨ 공중액제살포
　　　• 항공기를 이용해 농약을 대면적에 살포하는 방법이다.
　　　• 주로 액체 상태의 제형이 이용되며 분제나 입제 등의 고형제는 비산이나 살포의 불균성 등으로 사용이 어렵다.

4 생물적 방제 방법 적용하기

(1) 미생물 이용 방제 방법

① 근권미생물에 의한 방제
　　㉠ 근권진균 : *Trichodermin*, *Gliotoxin*, *Gliovirin*
　　㉡ 근권세균 : *Bacillus*, *Pseudomonas*, *Burkholderia*

② 길항미생물 이용
　　㉠ 미생물 상호 간의 길항작용에 의해 병의 발병을 억제한다.
　　　• 세균 : *Agrobacterium*, *Bacillus*, *Pseudomonas*, *Streptomyces*
　　　• 진균 : *Ampelomyces*, *Candida*, *Coniothyrium*, *Glicoladium*, *Trichoderma*
　　㉡ *Agrobacterium radiobacter* K84 : *Agrobacterium tumefaciens* 균에 의한 뿌리혹병을 방제한다.

(2) 천적 이용 방제 방법

① 기생성 천적 : 기생벌, 기생파리류의 암컷을 이용하여 숙주의 체내에 알을 낳는다.

　　㉠ 맵시벌과 : 몸집이 크고 대부분 나비·나방류와 같은 완전변태류 해충에 기생한다.

　　㉡ 고치벌과 : 몸집이 작고 나비목·딱정벌레목·파리목 등에 기생한다.

② 포식성 천적

　　㉠ 풀잠자리류 : 부화유충은 육식성이며, 진딧물류·깍지벌레류·응애류를 포식한다.

　　㉡ 딱정벌레류 : 무당벌레과는 유충과 성충이 모두 포식성이고 진딧물·깍지벌레를 포식한다.

　　㉢ 노린재류 : 침노린재와 장님노린재의 일부

③ 천적류

해충	천적
목화진딧물, 복숭아진딧물	콜레마니진디벌, 진디혹파리
감자수염진딧물, 싸리수염진딧물	무당벌레, 진디혹파리
점박이응애	칠레이리응애
온실가루이	온실가루이좀벌
총채벌레	오리이리응애, 으뜸애꽃노린재
아메리카잎굴파리	곤충병원성 선충, 굴파리좀벌, 굴파리고치벌
담배거세미, 파밤나방, 담배나방	곤충병원성 선충
작은뿌리파리, 버섯파리	곤충병원성 선충

④ 천적의 구비조건

　　㉠ 해충의 밀도가 낮은 상태에서 해충을 찾을 수 있는 수색력이 높아야 함

　　㉡ 성비가 작고 기주특이성이 높아야 함

　　㉢ 세대기간이 짧고 증식력이 높아야 함

　　㉣ 천적의 활동기와 해충의 활동기가 시간적으로 일치해야 함

　　㉤ 분산력이 높아야 함

　　㉥ 다루기 쉽고 천적에 기생하는 기생봉이 없어야 함

(3) 기타 방제법

① 내충성 이용 : 조생·만생과 같은 시기에 관계있는 품종으로서 해충의 발생기를 회피, 작물의 성상이 관계되어 산란을 방지한다.

② 주화성 이용 : 유인물질

　　㉠ 먹이유인물질 : 숙주선택이라 하는데 이때 관여하는 물질

　　㉡ 성유인물질(Pheromone)

　　㉢ 집합물질(바퀴)

③ 호르몬 이용

    ㉠ 알라타체 : 유약호르몬 분비, 곤충의 변태를 억제한다.

    ㉡ 메소프렌(Methoprene) : 모기, 유충, 개미 등 완전변태류에 효과가 있다.

    ㉢ 키노프렌(Kinoprene) : 상품명은 Eustar이며 가루이류, 돌깍지벌레류, 진딧물, 버섯파리류에 적용한다.

④ 페로몬 이용

    ㉠ 페로몬 : 정보매체가 되고 있는 화학물질 중 종내 정보전달에 관여한다.

    ㉡ 호르몬과는 달리 체외로 분비되며 동일종의 다른 개체에 작용하는 생리활동 물질이다.

⑤ **곤충생장조절제 이용** : 대사 저해제는 변태과정이 순조롭게 이루어지는 것을 방해하는 화합물

⑥ **불임법 이용** : 해충에 방사선을 조사하여 생식능력을 잃게 한 수컷을 다량으로 야외에 방사, 야외의 건전한 암컷과 교미시켜 무정란을 낳게 해 다음 세대의 해충 밀도를 조절한다.

⑦ **유전학 이용** : 교잡불화합성을 이용하는 방법으로 생태적 적응성이 없는 인자를 이용하여 주로 겨울에 동사케 한다.

> **참고** 병해충 종합관리(IPM ; Intergrated Pest Management)
> • IPM은 병해충 방제 시 농약 사용을 최대한 줄이고, 이용 가능한 방제 방법을 적절히 조합해 병해충의 밀도를 경제적 피해수준 이하로 낮추는 것
> • 각종 방제 수단을 상호보완적으로 활용함으로써 단기적으로 병해충에 의한 경제적 피해를 최소화하고, 장기적으로는 병해충의 발생이 경제적 문제가 되지 않을 정도의 낮은 수준에서 유지될 수 있도록 병해충을 관리함
> • 천적이나 성페로몬, 미생물, 효소 그리고 기피식물 등을 이용하는 방식으로 자연생태계의 생물 상호관계를 응용하여 병해충을 예방

5 영양불균형 개선하기

(1) 재배지의 토양시료채취 방법

① 토양검정의 분석오차는 15~20%에 불과하지만 80~85%의 오차는 토양시료채취 과정에서 발생되므로 토양시료를 정확하게 채취하는 것이 매우 중요하다.

② **토양시료채취 시기** : 농작물 수확 후(과수~낙엽 후)~시비 전(작물 재배 전)

③ **토양시료채취 지점**

    ㉠ 동일포장에서도 지점에 따라 비옥도가 불균일하므로 여러 곳에서 채취한다.

    ㉡ 시료채취는 그림 (a)와 같이 격자식 지점을 선정하는 것이 가장 이상적이다.

    ㉢ 직사각형태의 필지는 그림 (b), 넓은 면적의 필지는 그림 (c)와 같이 지점을 선정한다.

    ㉣ 경사진 필지는 그림 (d)와 같이 상부-중부-하부로 나누어 지점을 선정한다.

ⓜ 과수원의 경우 대표적인 과수 5~6주를 선정한 후 나뭇가지 끝에서 30cm 정도 안쪽의 3~5개 지점에서 시료를 채취한다.

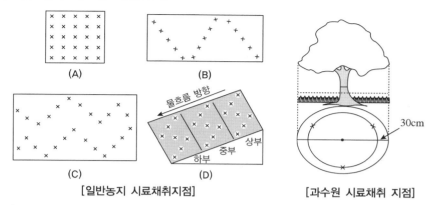

[일반농지 시료채취지점]　　　　[과수원 시료채취 지점]

④ 토양시료채취 방법

ⓐ 그림 (a)와 같이 토양시료채취기(soil auger)를 사용하는 것이 가장 좋다.

ⓑ 채취기가 없을 때는 그림 (b)와 같이 삽을 이용하여 표토 1~2cm를 걷어내고 15cm 깊이로 떠낸 후 풍위별 같은 부피가 되도록 시료를 채취한다.

ⓒ 과수원의 경우 지표면 이물질을 걷어내고 30~40cm 깊이까지 채취한다.

ⓓ 한 필지 내에서 20~30지점의 토양을 채취하여 큰 그릇에 담아 고루 섞은 후 약 1~2kg을 시료봉투에 담아 1점의 시료로 만든다.

⑤ 시료 건조

ⓐ 채취된 시료는 그늘에서 깨끗한 비닐이나 종이 위에 얇게 펴서 서서히 건조한다.

ⓑ 시료를 바람에 말릴 때 근처에 휘발성 화학물질이 있는 것도 좋지 않고 이물질이 바람 등에 의하여 혼입되지 않도록 주의한다.

⑥ 시료 조제

ⓐ 시료는 굵은 덩어리가 많고 세토가 아닌 자갈 등이 섞여 있으므로 토양의 화학분석에 앞서 곱게 조제하고 체를 이용하여 작은 입자의 토양을 사용한다.

ⓑ 나무나 고무망치를 이용하여 곱게 빻은 후 2mm 체 눈을 통과시킨 것을 사용한다.

ⓒ 시료분쇄에 사용되는 도구는 불순물에 오염된 것을 사용하지 말고 깨끗한 목재용기를 쓰고 체는 녹슬지 않는 것을 사용한다.

⑦ 시료 보관

　　㉠ 조제가 끝난 시료는 500g 정도 되도록 하여 청결한 비닐봉투에 넣고 시료내역을 기입할
　　　수 있게 만든 봉투에 넣어 습기가 적은 곳에 보관한다.

　　㉡ 시료보관 장소는 습도가 낮을수록 좋다.

(2) 토양의 pH 및 EC 측정

① pH 측정 방법

　　㉠ 토양시료 5g을 비커나 50mL 튜브에 넣어준다.

　　㉡ 증류수 25mL를 넣고 진탕기로 30분간 진탕하거나 손으로 반복적으로 흔들어 준다.

　　㉢ 완충용액을 이용해 pH 측정기를 보정(표준화, calibration)한다.

　　㉣ 토양용액에 전극을 넣고 측정값을 확인한다.

> **참고** pH 측정기 보정 방법
> • pH 측정기를 켠 후, pH 버튼을 눌러 pH 측정 모드를 선택한다.
> • 보호캡을 제거하고 증류수에 담아 세척한다.
> • 센서를 닦아 준 후 표준액(pH 4, 7, 10)에 담그고 측정이 안정화될 때까지 몇 분 정도 대기한다.
> • 온도키(℃)를 눌러 완충액 온도를 측정한다.
> • 보정노브를 돌려 용액 온도와 일치하도록 pH 값을 조정(온도에 따른 pH값 참조)한다.

② 총염류농도(전기전도도) 측정

　　㉠ 측정하기 전에는 증류수로 전극을 씻고 휴지로 물기를 닦은 후 사용해야, 정확하게 측정
　　　할 수 있음

　　㉡ 전기전도도 표준용액을 이용해 전도도측정기를 보정한다.

> **참고** EC 측정기 보정 방법
> • EC 측정 버튼을 누른 후 센서를 표준액(EC 1.413dS/m)에 담그고 측정이 안정화될 때까지 몇 분 정도
> 　기다린다.
> • 온도키(℃)를 눌러 완충액 온도를 측정한다.
> • 보정노브를 돌려 용액 온도와 일치하도록 EC 값을 조정한다.

　　㉢ 진탕이 끝난 후 토양입자가 전극 사이에 있으면 측정치에 영향을 주게 되므로 토양입자를
　　　가라앉힌 후 용액에 전극을 넣고 전기전도도를 측정한다.

　　㉣ 측정된 EC 값에 5를 곱한 수치가 토양시료의 전기전도도(EC) 값 : 5g의 토양의 5배수인
　　　25mL의 증류수에 희석된 전기전도도 값이기에 측정 수치에 이 5를 곱해주어야 토양의
　　　EC값이 된다.

③ 토양시료채취 및 항목별 분석 방법

조사항목		조사기준	방법	단위
토양시료의 채취 및 조제		• 이행점검 대상 필지에서 12~15지점을 골고루 선정하여 지표면으로부터 작토층(0~15cm)깊이를 채취한다. • 토양시료는 온도(20~25℃)와 습도(20~60%)가 유지되는 실내에서 건조한다. • 풍건한 시료는 전량을 분쇄한다. 분쇄과정은 모래나 자갈이 깨어지지 않도록 고무 롤러나 나무방망이 또는 토양분쇄기를 사용한다. • 분쇄된 시료는 2mm 체를 통과시킨다. 유기물 분석 시료는 2mm 체를 통과한 토양을 유발로 갈아서 0.5mm 체를 전량 통과시켜 사용한다. • 체질한 시료는 균일하지 않으므로 잘 혼합한다.	토양화학성 분석용 토양시료 조제	
분석과정		• 한 차례의 실험에서 분석할 수 있는 점수는 20점을 넘지 않도록 한다. • 한 차례의 실험에는 참조물질(분석 평균값과 불확도 값이 측정된 토양)과 blank가 포함되어야 한다.		
분석결과 확정		• 참조물질의 분석값이 인증범위 이내일 때 같이 실험된 토양의 분석 결과를 확정한다(단, 2차례 이상의 실험에서는 참조물질의 분석값이 2회 연속 인증범위를 벗어나지 않으면 같이 실험된 토양의 분석결과를 확정). • 참조물질의 분석값이 인증범위를 벗어나면 원인을 규명한 뒤 다시 토양을 분석한다.		
분석 방법	pH	• 토양시료 5g에 증류수 25mL을 가한 후 30분간 진탕한다. • pH meter를 표준완충용액으로 보정한 후 전극을 토양현탁액에 넣고 측정한다.	초자 전극법	pH
	유기물	• 2mm 체를 통과시킨 시료를 유발에서 마쇄하여 0.5mm 체 눈을 모두 통과되도록 한다. • 토양 0.1~1.0g에 0.068M(0.4N) 중크롬산칼리황산 혼합용액 10mL를 가하여 200℃ 정도의 전열판에서 기포발생 후 정확히 5분간 반응시킨 후 식힌다. • 분해액에 약 150mL의 증류수와 5mL의 85% H_3PO_4 및 5~6방울의 지시약을 넣고, 0.2M(0.2N) $FeSO_4(NH_4)_2$ SO_4 용액으로 분해액을 적정한다. • 분해 시 소요된 $K_2Cr_2O_7$의 양에 탄소의 원자량과 유기물 변환인자(1.724)를 감안한 값으로 계산한다.	Tyurin법	g/kg
	유효인산	• 토양시료 5g에 pH 4.25의 Lancaster 침출액 20mL을 가한 후 10분간 진탕 침출하여 No. 2번 여과지를 이용하여 여과한다. • 1-amino-2-naphtol-4-sulfonic acid에 의한 몰리브덴 청법을 사용하여 30℃에서 30분간 항온 발색 후 비색계로 측정한다.	Lancaster법	mg/kg
	교환성 칼륨	• 토양시료 5g에 1M CH_3OONH_4(pH 7.0) 50mL을 가해 30분간 진탕한 후 침출한다. • 유도결합 플라즈마 분광계(ICP) 또는 원자흡광분광기(AAS)를 사용하여 측정한다.	초산암모늄 침출법	$cmol_c$/kg

(3) 토양의 화학성 분석

① 산도(pH)

　㉠ 토양산도는 토양반응의 정도를 나타내는 지수

　㉡ 토양 중에 있는 물질의 성질이나 행동에 중요한 영향을 미치며, 토양미생물의 활동이나 식물의 생육을 좌우하는 인자이다.

　㉢ pH는 용액 중에 유리상태로 있는 수소이온 활동도의 역대수를 의미하며 용액 중의 수소이온 농도를 표시하는 지수이다.

　㉣ 산도측정기로 측정하는데, pH 7은 중성이고 pH 7보다 낮은 값은 산성, 높은 값은 알칼리성이며 토양반응이 중성(pH 6.5~7.0)에 가까울 때 양분의 유효도가 가장 높다.

　㉤ pH 5.5 이하로 산성이 강할 경우에는 토양 양분중 인산, 칼륨, 칼슘, 마그네슘, 붕소 등을 불용화시켜 유효도를 낮게 하고 철, 알루미늄, 망간 등은 너무 많이 녹아나와 뿌리의 생장을 억제시키는 등 생리장애가 많아지고 유효한 토양미생물의 번식과 활동이 억제된다.

　㉥ pH 값이 알칼리성일 경우 인산, 칼륨, 붕소, 철, 아연, 구리와 같은 원소들의 용해도가 낮아져 결핍증상이 발생하고 칼슘, 마그네슘 등은 과잉으로 길항작용이 발생한다.

> **참고** **토양산성의 종류**
> • 활산성(active acidity) : 토양용액 중에 존재하는 수소이온(H^+)에 의한 산성으로 작물생육에 직접적인 영향을 미치며 토양시료에 증류수를 가하여 pH 측정기로 측정한다.
> • 잠산성(potential acidity, 치환산성) : 토양교질물(점토광물, 부식)에 흡착된 수소이온(H^+)과 알루미늄이온(Al^{3+})에 의한 산성으로, 토양시료에 KCl 또는 $CaCl_2$ 등으로 침출한 용액에 대하여 산도를 측정한다.

② 유기물(organic matter)

　㉠ 유기물은 보수력, 통기성, 투수성, 토양구조의 변화 등 토양의 이화학적 성질 개선에 중요한 역할을 함과 동시에 미생물의 활동을 왕성하게 하고 식물에 영양분을 공급하고 저장하는 저장고 역할을 한다.

　㉡ 동물, 식물, 미생물 등의 유체가 부패되어 집적된 것으로 모든 양분의 공급원이며 유기물이 많으면 질소, 인산 등의 양분이 증가하고 양이온치환용량도 높다.

③ 전질소(total nitrogen)

　㉠ 질소는 광합성에 필요한 엽록소, 생리작용을 촉진하는 물질을 공급하는 원소이다.

　㉡ 질소는 NH_4^+(암모니아태 질소), NO_3^-(질산태 질소) 상태로 흡수되며 토양 내 유기태 질소, 무기태 질소의 총량을 분석한 수치가 전질소이다.

　㉢ 암모니아태 질소는 토양의 pH가 5~7의 범위에 있어야 그 효과가 질산태와 같거나 높고, 강산성 또는 알칼리성 토양에서는 질산태 질소의 효과가 높다.

ㄹ 식물은 질소가 부족하면 생육이 불량하고 잎이 작아지며 세포막이 두꺼워져 광택이 없고 섬유질이 많은 옅은 색을 띤다.

ㅁ 생육이 좋지 않은 식물에 질소비료를 시비하면 잎색이 진해지고 엽면적을 증대시키는 효과가 높다.

④ 유효인산(available phosphorous, P_2O_5)

ㄱ 인산은 광합성과 호흡작용에 관여하는 중요한 인자로 유효인산은 식물이 쉽게 이용할 수 있는 형태이다.

ㄴ 인산은 토양 중에서의 이동이 적어 타 성분에 비하여 토양의 흡착 또는 고정되는 양이 많으므로 시비할 때마다 인산을 시비할 필요가 없으나 작물이 재배되지 않는 대부분의 토양은 인산이 매우 부족하다.

ㄷ 인산이 결핍되면 외관적으로는 뚜렷한 증상이 나타나지는 않으나 결핍이 계속되면 뿌리의 발육이 빈약해지고 지상부 생장도 억제된다.

⑤ 양이온치환용량(CEC ; Cation Exchange Capacity)

ㄱ CEC는 토양이 가지고 있는 일정량의 K^+, Na^+, Ca^{2+}, Mg^{2+} 등과 같은 치환성 양이온을 교환할 수 있는 능력을 말한다.

ㄴ 보통 토양 100g이 가지고 있는 치환성 양이온을 당량(me/100g)으로 표시한 것이며 $cmol^+$/kg로 표시한다.

ㄷ 토양의 점토광물입자는 전기적으로 음전하를 띠고 있어 그 입자 주위에 있는 음이온과 토양용액 중의 양이온이 서로 바꾸려는 힘을 가지고 있다.

ㄹ CEC가 크다는 것은 식물의 생육에 필요한 영양성분이 많은 비옥한 토양이라는 의미이다.

ㅁ 치환성 염기는 K^+, Na^+, Ca^{2+}, Mg^{2+} 등의 양이온을 말하며, 토양입자 표면에 흡착되어 있어 입자표면과 외액사이에서 그 농도가 다를 때는 서로 치환하기 때문에 치환성 양이온이라 한다.

⑥ 치환성 칼륨(K)

ㄱ 칼륨은 식물의 탄수화물 생산을 촉진하고 정상적인 생리작용에 필요한 세포의 팽압을 유지하는 데 있으며 Ca^{2+}, Mg^{2+}과는 같은 양이온과 길항작용을 한다.

ㄴ 식물체 내에 칼륨이 부족하면 식물체의 생육이 크게 저해하여 잎이 작고 회록색을 띠게 되며 성숙 전에 잎의 첨단부위에서부터 고사하여 잎의 가장자리에 따라 번져가고 과실이나 종자의 수, 용적 및 중량이 모두 감소한다.

ㄷ 서리의 해, 한해, 병해에 대한 식물의 저항성에 있어 원형질 교질의 수화도를 높여 탈수를 어렵게 하고 동시에 삼투압을 높여 질소에 의한 장해를 줄이는 역할을 한다.

ㄹ 어린식물에 필요한 토양양분 진단기준은 CEC의 1~3%이고 상한선은 5%이다.

⑦ 치환성 나트륨(Na)
　　㉠ 나트륨은 토양입자의 분산을 일으켜 입단구조 형성을 어렵게 하고 투수속도가 낮아지므로
　　　 배수가 불량해지는 등 토양 물리성을 악화시킨다.
　　㉡ 치환성 나트륨은 토양의 알칼리성을 증가시키는 주된 원인이 되어 식물생육에 큰 저해요인
　　　 이 된다.
　　㉢ 토양용액 내 Na^+이온농도가 증가하면 치환성 염기 중 Ca^{2+}가 Na^+로 치환·흡착되어 식물
　　　 의 칼슘흡수가 억제된다.

⑧ 치환성 칼슘(Ca)
　　㉠ 칼슘은 식물세포막 중간층 구성성분 하나로 분열조직 생장과 뿌리 끝의 정상발육과 기능에
　　　 필요한 성분이다.
　　㉡ 산성토양의 교정, 물리성 개량, 토양미생물의 활동촉진. 독성물질의 완화, 기타 미량원소
　　　 를 쉽게 흡수할 수 있도록 하는 효과가 있다.
　　㉢ 강산성 토양과 나트륨이 과다한 알칼리성 토양에서는 전형적인 칼슘 결핍증이 나타나는데
　　　 뿌리가 작아지고 잎에는 특징있게 색깔이 변한다.
　　㉣ 칼슘은 투수를 좋게 하여 치환성 나트륨을 씻어내고, 토양입단을 형성하게 하며 제염을
　　　 촉진한다.
　　㉤ 칼슘이 너무 많으면 원소 간 길항작용에 의하여 칼륨과 마그네슘, 인, 철, 망가니즈 등을
　　　 흡수하지 못하게 하므로 수목생육에 나쁜 영향을 준다.
　　㉥ 어린식물에 적합한 토양양분 진단기준은 CEC의 40~50%이다.

⑨ 치환성 마그네슘(Mg)
　　㉠ 마그네슘은 엽록소의 구성성분이고 탄소동화작용에 관계한다.
　　㉡ 토양에는 마그네슘이 많이 있으나 식물이 가끔 결핍증상을 보여 잎은 황색으로 되고 녹색
　　　 의 반점이 생기는 백화현상이 나타난다.
　　㉢ 마그네슘의 시비효과는 산성토양일 때 매우 높고 마그네슘이 적은 토양에 칼륨비료를 많이
　　　 주면 마그네슘과 칼륨이 길항작용으로 마그네슘 결핍증이 발생한다.
　　㉣ 마그네슘 결핍토양에 칼륨비료를 시비할 때에는 마그네슘과 칼륨 2 : 1의 비율로 시비한다.
　　㉤ 마그네슘도 토양 악화에 미치는 영향은 Na^+과 비슷하며 나트륨과 마그네슘의 농도가 Ca^{2+}
　　　 과 H^+보다 큰 토양을 알칼리토양이라고 한다.

⑩ 전기전도도(EC)
　　㉠ 전기전도도는 용액에 녹아있는 이온의 영향으로 전기가 잘 통하게 되는 것을 이용해 용액
　　　 중의 이온과 염의 농도를 표시하는 지표이다.
　　㉡ H^+, K^+, Na^+, Ca^{2+}, Mg^{2+} 등 치환성양이온 등과 밀접한 관련이 있다.

ⓒ 토양의 염류는 토양수 중에 녹아 이온상태로 되어 전기의 전도를 용이하게 해주며, 전기전도도를 측정해 염류의 농도를 간접적으로 알 수 있다.

ⓔ 토양에 염류가 집적되면 삼투압이 증가하여 물의 흡수를 저해하고 식물의 양분흡수를 방해한다.

⑪ 염분(NaCl)

ⓐ 토양의 염류집적은 삼투압작용에 의한 Cl^- 등의 과잉흡수에 의한 독성유발로 식물생육을 크게 저해한다.

ⓑ 토양 중 Na^+와 Cl^-의 집적현상은 해풍과 모세관현상에 의한 지하수의 상승작용과 함께 토양수 내 용해되어 있는 이온이 토양 밖으로 용탈되지 않고 토양표면과 식물의 증발산작용으로 토양수분이 제거되고 토양입자와 결합함으로써 발생한다.

⑫ 염기포화도

ⓐ CEC에 대한 치환성 양이온의 비율이다.

ⓑ CEC에 대한 K^+, Na^+, Ca^{2+}, Mg^{2+}의 비율이며 염기포화도는 pH와 밀접한 관계에 있고 염기포화도가 높으면 토양의 비옥도도 높다.

⑬ 중금속(heavy metals) : Pb(납), Zn(아연), Cd(카드뮴), Cu(구리), Ni(니켈), Se(셀레늄), Mn(망간), Sn(주석), Ag(은), Hg(수은) 등과 같이 비중이 비교적 큰 금속이다.

[토양의 분석항목별 적정함량]

분석 항목	토성	산도 pH	유기물 (%)	전질소 (%)	유효인산 (mg/kg)	CEC (cmol$^+$/kg)	치환성 양이온(cmol$^+$/kg)				전기전도도 EC(dS/m)	NaCl (%)
							K^+	Na^+	Ca^{2+}	Mg^{2+}		
적정 함량	SL~L	5.5~ 6.5	3.0 이상	0.25 이상	60~ 200	12.00 ~ 20.00	0.25 ~ 0.50	0.10 ~ 0.50	2.50 ~ 5.00	1.50 이상	0.40 미만	0.05 미만

(4) 토양의 물리성 분석

① 토양의 입경 구분

미농무성법(USDA)			국제토양학회법	
명칭		직경(mm)	명칭	직경(mm)
자갈(gravel)		>2.00	자갈	>2.00
매우 굵은 모래(very coarse sand)	극조사	2.0~1.0	조사	2.0~0.2
굵은 모래(coarse sand)	조사	1.0~0.5		
중간 모래(medium sand)	중사	0.5~0.25		
가는 모래(fine sand)	세사	0.25~0.1	세사	0.2~0.02
매우 가는 모래(very fine sand)	극세사	0.1~0.05		
미사(silt)		0.05~0.002	미사	0.02~0.002
점토(clay)		0.002>	점토	0.002>

ⓐ 자갈
- 암석이 기계적으로 쪼개진 2.0mm 이상의 굵은 입자를 말한다.
- 자체로서는 식물에게 유효한 양분을 전혀 공급하지 못한다.
- 자갈함량이 많은 토양은 물이나 공기의 투과가 지나치게 잘 된다.
- 물부족이 일어나기 쉽고 온도의 변화에도 영향을 받아 경운작업이 어렵다.
- 지나친 식질토양에 자갈이 어느 정도 존재하면 점질상태가 완화되어 식물생육에 도움이 되기도 한다.
- 토양 중 자갈이 50% 이상이면 석력질 토양(자갈토)이다.

ⓑ 모래
- 석영과 장석 등 비교적 풍화되기 어려운 1차광물로 이루어져 있어 식물양분을 공급하지는 못한다.
- 토양 중 점토 주변에 있으면서 골격 역할을 한다.
- 모래가 많은 토양은 주로 큰 공극이 많지만, 전체의 공극량은 비교적 적다.
- 토양입자의 전체 표면적도 작은 편이다.
- 사질토양은 너무 배수가 잘 되므로 가뭄의 장애를 잘 받는다.
- 유기물의 분해가 잘 되기 때문에 유기물 함량이 낮다.
- 사질토양은 실제 무게로 보면 무거운 토양이지만 점착성이 낮아 경운하기 쉽기 때문에 가벼운 토양(light soil)이라고 말하기도 한다.

ⓒ 미사
- 모래와 점토 입자의 중간정도 크기의 입자로 전체 표면적이 모래에 비하면 크지만 점토에 비하면 작다.
- 미사를 주로 함유한 토양은 물을 상당량 저장할 수 있는 능력이 있어서 식물에게 적절한 물을 공급할 수 있다.
- 토양 중에 미사가 적당히 함유되어 있으면 작물생육에 이상적인 토양이 된다.

ⓓ 점토
- 점토는 주로 2차광물이고, 모래와 미사입자는 석영, 장석, 운모 등 1차광물이다.
- 콜로이드(교질) 성질을 가지고 있으며, 양이온을 흡착 교환할 수 있는 성질이 매우 크다.
- 상당량의 물을 저장할 수 있는 능력이 있으며, 광물에 따라서 물을 흡수하면 팽창하고 건조하면 수축하기도 한다.
- 건조하면 균열이 생기고 물에 젖으면 점성(점착성)이나 가소성을 나타내는데 이러한 성질은 모래나 미사에서는 볼 수 없는 성질이 있다.
- 점토함량이 많은 토양은 굳어 있는 상태로 땅을 갈 때 힘이 들기 때문에 무거운 토양(heavy soil)이라고 부르기도 하나 식질토양은 같은 부피의 사질토양보다는 무게가 가볍다.

② 토성(soil texture) : 모래, 미사, 점토의 함량비율(입경 조성비율)
  ㉠ 점토의 함량 비율에 따라 토성을 구분한다.

토성의 명칭	점토 함량
사토	12.5% 이하
사양토	12.5~25%
양토	25%~37.5%
식양토	37.5~50%
식토	50% 이상

  ㉡ 토양이 양분을 보유 공급하는 능력과 보수성, 배수성, 통기성, 경운의 난이 등 식물생육과
    밀접한 관계가 있는 매우 중요한 토양의 기본적 성질이다.
  ㉢ 토성의 결정
    • 모래, 미사, 점토의 비율에 따라 토성삼각표(USDA)를 보고 결정한다.
    • 직선들이 만나는 점이 두 토성의 경계선에 위치할 때 : 작은 입자가 많은 쪽의 토성으로
      분류한다.

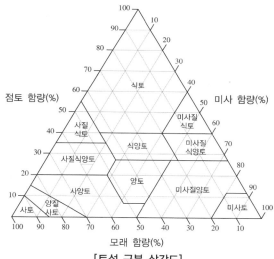

[토성 구분 삼각도]

> **참고** 현장조사법(촉감법, feeling test)
> 기술과 경험 필요한 방법
> • 모래 : 까칠까칠한 촉감
> • 미사 : 건조 시 활석을 비비는 것 같고(미끈미끈한 촉감), 젖으면 어느 정도 가소성이 있음
> • 점토 : 끈적끈적한 촉감, 젖으면 가소성과 점착력이 큼

③ 토양밀도

　㉠ 입자밀도(particle density) : 고상입자 자체만의 단위부피당 질량이다.
　　• 토양이 가지고 있는 고유한 밀도로 입자들 사이의 공극률과 인위적인 요인에 의해서 변하지 않는다.
　　• 무기질 토양의 입자밀도 : 평균 $2.65g/cm^3$(석영, 장석, 운모의 밀도)
　　• 부식 : $1.1 \sim 1.3g/cm^3$
　　• 부식이 많으면 토양의 입자밀도는 낮아진다.

　㉡ 용적밀도(bulk density) : 고상, 액상, 기상이 종합된 자연상태의 밀도이다.
　　• 공극이 포함된 자연상태 그대로의 단위 토양부피에 대한 건조토양의 무게
　　• 토양의 물리적인 상태를 짐작해 볼 수 있는 중요한 성질이다.
　　• 표토보다 심토의 용적밀도가 크다.
　　• 경운을 하는 주요 목적은 용적밀도를 낮추기 위함이다.
　　• 점토의 함량이 많아지면 용적밀도는 작아지고 모래의 함량이 많아지면 커진다.
　　• 용적밀도가 큰 토양은 치밀하고 단단하며, 고체입자들 사이에 공극이 적어 투수성이 좋지 않다.
　　• 용적밀도는 일정 면적의 토양무게를 환산하는 데 중요한 인자로, 시비량, 개량제 시용량, 객토량 계산에 이용한다.

　㉢ 토양밀도와 작물생육 : 토양밀도는 토양의 공극과 매우 높은 관계가 있으며, 밀도가 높은 토양은 통기성, 물의 저장력이 좋지 않기 때문에 식물 뿌리가 정상적으로 생장하는데 적합하지 않다.

④ 토양의 공극(pore space)

　㉠ 토양 입자의 배열에 따라서 만들어지는 공간으로, 입자 사이에 공기나 물로 채워진 틈(기상＋액상)을 말한다.

　㉡ 공극률(porosity)
　　• 토양의 전체 용적(부피)에 대한 공극의 용적 백분율
　　• 공극률의 계산

$$공극률(\varepsilon, \%) = (1 - \frac{D_b}{D_p}) \times 100$$

여기서, D_b : 용적밀도
　　　　 D_p : 입자밀도

　㉢ 공극의 역할
　　• 큰 공극은 공기의 통로, 작은 공극은 물을 보유하는 기능을 한다.
　　• 작물생육에 알맞은 물과 공기가 존재하기 위해서는 크고 작은 공극이 적절히 분포되어야 한다.

② 입자의 배열상태와 공극의 특성
   • 공극은 입자의 배열상태에 따라 그 양과 크기가 다르다.

[정렬배열]　　　　　[사열배열]　　　　　[입단배열]

[토양입자의 배열 상태에 따른 공극의 특성]

   • 유기물 함량이 높아 입단구조가 잘 발달한 토양은 큰 공극과 작은 공극이 균형을 이루어 공기와 수분의 이동이 잘 이루어진다.
   • 모래, 미사, 점토의 함량이 고루 분포되면 입단이 균형있게 발달한다.
㉻ 공극의 분류 : 생성유형, 크기, 일상적인 면에서의 분류
   • 생성유형에 따른 분류

토성공극	• 토양의 기본입자들 사이에 발달하는 공극 • 물을 보유하고, 크기가 작음
구조공극	• 기본입자가 모여서 입단을 이루면서 입단사이에 생기는 공극 • 공기의 통로로, 크기가 큼
특수공극	• 식물뿌리, 소동물의 활동, 유기물이 분해될 때 발생하는 가스등에 의해 생기는 공극 • 생물공극이라고도 함

   • 공극의 크기에 따른 분류

대공극 (macropores)	• 5~0.08mm • 주로 토괴 사이의 큰 공극으로 중력에 의하여 물이 빠지고 효과적으로 통기가 일어나는 공극 • 식물뿌리가 뻗어나고, 작은 토양생물이 서식하는 공극
중공극 (mesopore)	• 0.08~0.03mm • 강우나 관개 등에 의하여 물로 포화된 토양이 중력에 의해서 물이 빠진 후에 중력에 견디어 남아 있는 물로 차 있는 공극, 또는 모세관 현상에 의해서 물로 차 있는 공극 • 미생물의 서식지 및 식물의 뿌리털이 자라는 공간
소공극 (micropore)	• 0.03~0.005mm • 토괴 내의 작은 공간으로 식물이 흡수할 수 있는 물을 저장 • 세균이 서식할 수 있는 공간
미세공극 (ultramicropore)	• 0.005~0.0001mm • 점토 입자 사이에 있는 공간으로 이 공간에 있는 물은 식물이 이용하지 못함 • 세균 등 대부분의 토양미생물이 생육할 수 없는 작은 공극
극소공극 (cryptopore)	• 0.0001mm 이하 • 큰 분자의 화학물질까지도 통과하기 어려운 매우 작은 공극 • 모든 미생물이 생육할 수 없음

• 일상적 분류

비모세관 공극(대공극)	• 배수와 통기가 이루어지는 공극 • 물로 포화된 토양을 자연 배수시켰을 때 24시간 후에 기체가 차지하는 공극
모세관 공극(소공극)	• 모세관 현상에 의해 물을 보유하는 공극 • 토양이 입단구조를 잘 이루고 있으면 모관공극과 비모관 공극이 작물생육에 적합한 비율로 존재

ⓑ 공극량의 지배요인

• 토성

– 사질토양 : 공극이 크고 연속적이다. 큰 공극이 많기 때문에 공기의 이동은 잘 일어나지만 가뭄의 장애를 받기 쉽다.

– 식질토양 : 공극의 양은 많지만, 대부분 크기가 작기 때문에 물의 이동과 공기의 갱신이 잘 이루어지지 않으므로 식물의 생육에 지장을 초래하기도 한다.

• 토양입단의 크기

• 입자의 배열상태 : 입단구조 > 단립구조, 정렬 > 사열

• 유기물의 함량

• 경운, 관개, 강우, 식생, 재배방법

ⓢ 토양공극과 작물생육

• 대공극과 소공극 비교(작물의 뿌리뻗음과 관계가 크다)

– 전공극량의 많고 적음보다, 하나하나의 공극 크기가 중요하다.

– 대공극 : 과잉수 배제, 공기갱신

– 소공극 : 수분보유 장소

• 공극량과 공극비율

– 공극량은 뿌리뻗음과 관계가 크다.

– 토성공극 : 구조공극 = 1 : 1이 적당하다.

• 하층토 공극

– 투수, 통기, 뿌리신장에 필요하다.

– 심근성 작물인 과수는 심경하거나 거친 유기물을 시용한다.

• 답전윤환

– 논의 써레질, 담수 환원으로 입단이 붕괴되고, 분산으로 대공극이 감소한다.

– 답전윤환으로 공극을 회복한다.

⑤ **토양구조**(soil structure)

㉠ 토양을 구성하는 입단들의 배열상태. 즉, 이들 입단의 모양(type), 크기(size) 및 배열방식 등에 의하여 결정되는 물리적 구성을 말한다.

※ 입단(aggregate) : 토양 중 여러 가지 크기의 입자들이 유기물, 철산화물, 탄산염 등에 의하여 결합되어 덩어리 형태로 만들어진 것

ⓛ 토양구조의 분류

• 모양에 따른 분류

구상구조 (spherical)	• 표층에서 발달하였으며 입단의 모형이 일반적으로 구상 • 입상구조 : 초원에서 발달한 토양, 지렁이와 같은 토양동물의 활동이 활발한 토양에서 잘 발달하는 구조 • 분상구조 : 토양의 A층과 작토층 등 유기물함량이 많은 표토에서 잘 발달하는 구조로 일반적으로 입단구조라 함
판상구조 (plate-like)	• 비교적 얇은 층으로 가로축의 길이가 세로축의 길이보다 긴 판자모양을 이룬 층 • 표층이나 심층 모두에서 생성되며 대부분 토양생성작용의 결과 만들어짐 • 무거운 농기계의 오랜 사용에 의해 생성되기도 함 • 논의 작토층 밑(쟁기바닥층) • 물의 하층이동 어려움
괴상구조 (block-like)	• 배수와 통기가 잘 이루어지는 조건의 B층에서 주로 발달 • 입단의 모양은 불규칙하지만 육면체 모양 • 약 5~50mm 덩어리를 이룸 • 각괴상(angular block) : 각이 예리하고 4각 모양 • 아각괴상(subangular block) : 각이 없이 완만한 모양
주상구조 (prism-like)	• 세로축의 길이가 가로축의 길이보다 긴 구조로 B층에서 나타남 • 토양에 따라 주상의 높이가 다양하여 150mm 이상인 것도 있음 • 원주상 : 기둥모양으로 상부가 둥근 모양. 나트륨함량이 높은 심토에서 주로 발달 • 각주상 : 기둥이 각지고 상부가 평평한 면으로 되어 있음 • 팽창형 점토광물과 관계가 있으며, 보통 건조지대 토양의 심층에서 많이 생기고, 습윤한 지역에서는 배수가 불량한 토양에서 생김 • 우리나라 논토양 중 하성토나 하해혼성토의 심층에서도 나타남

• 크기에 따른 분류

0등급	• 무구조(structureless) : 현지상태에서 입단을 인정할 수 없음 • 모래와 같이 각개의 입자들이 독립적으로 존재(단립구조) • 식질토양에서 응집체로 존재(집괴구조)
1등급	발달의 정도가 겨우 단위입단을 식별할 수 있을 정도
2등급	단위 입단들 사이에 경계를 비교적 명확하게 식별할 수 있는 정도
3등급	단위 입단 사이의 경계 및 구조가 뚜렷하게 나타난 정도

ⓒ 입단의 생성과 발달

• 양이온의 작용

– 석회 시용효과 : 토양반응 교정 효과 및 토양입단화 촉진 효과

– 화학비료 시용 : 비료를 구성하는 이온의 구조 변경

– 알칼리토양 개량 : 칼슘이온을 다량 함유한 경수

> **참고 알칼리토양의 개량**
> 알칼리토양은 나트륨이온이 많고 포드졸토양은 수소이온이 많아 구조가 나쁘다. 간척지 토양은 나트륨이온으로 포화되어 있어 토양이 잘 분산되며 입단이 파괴되기 쉽다. 석고를 사용하여 토양교질을 나트륨이온 대신에 칼슘이온으로 교환시켜주면 입단의 분산을 억제할 수 있다.

– 체르노젬(Ca^{2+}), 초지토양(유기물), 지렁이는 토양구조에 좋다.

- 유기물질의 작용
  - 퇴비나 녹비 등 유기물은 그 자체가 토양입자 간의 결합제로 작용한다.
  - 토양 중의 미생물이나 지렁이 등 입단생성에 유리한 생물들의 활동에 좋은 환경을 만들어준다.
  - 유기물 자체의 직접적 작용보다 유기물의 무기화에 관여하는 곰팡이의 균사나 세균의 폴리우로나이드(polyuronide) 또는 미숙부식이 접착제 역할을 한다.
  - 입단화 효과 : 미숙퇴비 > 완숙퇴비, H^+ 포화교질 > Ca^{2+} 포화교질
- 토양생물의 영향
  - 균류의 균사에 의한 직접적 결합작용 > 세균이 분비하는 폴리우로나이드, 고분자화 합물인 다당류 등의 분비에 의한 접착작용을 한다.
  - 퇴구비 시용은 미생물 생육증진으로 입단화를 촉진한다.
  - 지렁이의 몸을 통해서 배설된 토양은 점성이 크며 입단으로 되어 있다.
- 식물뿌리의 작용
  - 뿌리가 토양수분을 흡수하여 토양수축을 일으키거나 근모의 결합작용을 하고, 죽어서 미생물의 분해작용을 한다.
  - 잔뿌리가 많은 것이 유효하며 초지토양은 구조가 잘 발달한다.
  - 윤작의 영향도 크다.
  - 콩과 식물(클로버, 알팔파 등)은 입단을 촉진하고, 옥수수, 목화, 사탕수수 등은 입단을 파괴하므로 적절한 작물의 종류와 작부체계의 선택이 필요하다.
- 토양개량제의 사용
  - 고분자 화합물은 소입단을 접착시켜 입단을 생성한다.
  - 입단개량제 : PVA(polyvinyl alcohol), 크릴륨 등
  - 고분자 화합물의 효과 : 입단화, 통기성, 배수, 보수성, 표층피각형성 방지, 경운용이
ㄹ 입단의 파괴
  - 수분이 과소, 과다할 때의 경운
  - 토양의 건조와 습윤, 동결과 융해의 반복
  - 입자의 결합제인 유기물의 분해
  - 강우와 기온의 변동
⑥ 토양경도와 견지성
  ㄱ 토양의 경도(hardness)
    - 관입에 대한 저항력으로 비교적 측정하기 쉬워 토양학자들이 많이 사용하는 지표이다.
    - 원인 : 토립 사이의 응집력과 입자 간의 마찰력에 의해 생기며 입경조성, 공극량, 용적밀도, 토양수분이 종합되어 나타난다.

[토양의 경도와 3상의 분포 및 용적밀도와의 관계]

지표경도(mm)	3상의 분포 비율(%)			용적밀도(mg/m³)
	고상	액상	기상	
10	51	21	28	1.37
15	55	22	23	1.47
17	57	22	21	1.52
20	63	22	15	1.64
25	67	18	15	1.75

- 중요성 : 토층의 투수성, 뿌리신장, 농기계 주행의 지지력에 영향
- 경도와 작물생육
  - 경도 큰 토층 존재 : 뿌리에 대한 기계적 저항으로 생육불량, 수량감소
  - 경도가 큰 토양 : 가비중이 높고 공극량이 적어서 구조가 나쁘다.
  - 멀칭 및 수분공급 : 경도 감소
  - 적정경도 : 20mm 이하(근채류는 18mm 이하)

ⓛ 토양의 견지성(consistency)
- 유동과 변형에 대한 저항력으로 토목공학 및 농기계 경운의 난이도 평가에 많이 사용되는 지표이다.
- 토양수분에 따라 변화하는 역학적 성질이다.
  - 포화수분 이상에서는 점성을 가지며 유동성이 있다.
  - 수분이 감소하면 소성을 나타내고 딱딱하게 된다.
- 경운의 시기와 관련하여 중요한 요소이다.
  - 사질토양 : 응집성, 부착성 약하여 쉽게 변형된다.
  - 식질토양 : 점성이 강하여 경운작업이 어렵다.

⑦ 강성(rigidity)
ⓘ 토양이 건조하여 딱딱하게 굳어지는 성질이다.
ⓛ 건조한 상태의 토양입자는 반데르발스 힘에 의해 결합되어 있기 때문에 딱딱하다.
ⓒ 점토 많을수록 강하며 카올린이나 스멕타이트 계통의 점토광물이 많을 때는 강하게 나타나고, 알로팬 계통의 점토광물이 많으면 약하다.

⑧ 이쇄성(friability)
ⓘ 강성을 나타내는 수분과 소성을 나타내는 수분의 중간인 반고태 토양에 힘을 가하면 쉽게 부스러지는 성질을 말한다.
ⓛ 경운하면 힘이 적게 들고, 다져지지 않으며, 입단이 잘 파괴되지 않는 장점이 있다.
- 강성조건에서 경운하면 힘이 많이 들기 때문에 불리하다.
- 이쇄성보다 수분이 많은 조건에서 경운하면 기계에 흙이 많이 달라붙기 때문에 경운작업이 어렵고, 입단의 파괴가 많이 일어난다.

⑨ 가소성(소성, plasticity)

    ㉠ 힘을 가했을 때 파괴되지 않고 모양이 변화되나 힘을 제거해도 원형으로 돌아오지 않는 성질을 말한다.

    ㉡ 토양에 물을 가하면 소성을 가지게 되는데, 어느 정도 이상의 수분상태에서는 토양이 형태를 유지하지 못하고 유동상태로 변한다.

    ㉢ 일정 수분함량 이하에서는 힘을 가하게 되면 형태를 유지하지 못하고 부스러진다.

    ㉣ 가소성과 관련계수

      • 소성하한(소성한계, PL) : 소성을 나타내는 최소수분

      • 소성상한(액성한계, LL) : 소성을 나타내는 최대수분

      • 소성지수(소성계수, PI) = 소성상한 − 소성하한

    ㉤ 가소성 원인

      • 점토가 많을수록 PI는 커진다.

      • 몬모릴로나이트 > 일라이트 > 할로이사이트 > 카올리나이트 > 가수 할로이사이트

      • 유기물이 많으면 커진다.

    ㉥ 가소성과 경운

      • 소성상태의 토양을 경운하면 입단 파괴되어 통수성, 통기성 악화된다.

      • 마르면 토괴로 되므로 소성지수가 낮은 것이 경운에 유리

    ㉦ 점토의 활성도 : PI/점토함량(논 > 밭)

(5) 작물 영양진단

① 필수원소

    ㉠ 다량원소 : C, O, H, N, P, K, Ca, Mg, S

    ㉡ 미량원소 : Fe, Mn, Cu, Zn, B, Mo, Cl

    ※ 비료의 3요소(4요소) : N, P, K, (Ca)

② 영양장해 진단요령

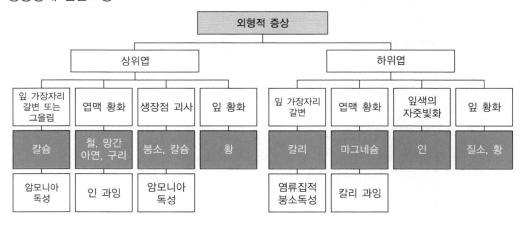

• 시드는 증상은 관찰되지 않는다
• 전염하거나 냄새가 나지 않는다.
• 증상부분이 습윤 상태를 나타내는 경우는 적다.
• 작물의 반쪽부분이 이상증상이 나타나는 경우는 적다.
• 도관이 갈변하는 경우는 적다.

③ 원소의 생리작용

성분	역할	과잉 발생	결핍 발생
질소(N)	• 원형질의 주성분 • 경엽 및 뿌리 신장 • 잎의 녹색화	• 질소 과잉 시비에 의한 피해 • 염으로서 직접적인 해작용 • 과잉생장 및 조직의 연화	• 질소 부족은 사토와 관련 • 강우 및 관수에 의해 용탈 발생 • 유기물 함량이 낮은 배수 불량 토양에서 발생 • 원질소에서 결핍 • 황화현상, 생장 감소 및 밀도 저하, 단단한 조직·녹변 등의 발생
인산(P)	• 원형질의 구성 성분 • 당류와 결합하여 호흡작용에 관여 • 뿌리의 신장과 분얼 향상	• 과잉시비에 의한 철 부족 발생 • 잡초 발생 촉진 • 생육 불량	• CEC가 낮은 사토에서 발생 • pH 5.5 이하에서 철, 알루미늄, 망간에 고정 • pH 7.5~8.5에서 칼슘에 의한 고정 • 점토 함량이 많은 토양 • 토양 온도가 낮을 때 흡수 감소 • 잔디 조성 시 결핍 발생 • 생육 감소, 엽색이 짙은 녹색을 띠다가 자주색으로 변함, 밀도 저하
칼륨(K)	• 탄수화물의 합성, 이동, 축적에 관여 • 단백질 합성에 관여 • 증산작용 조절 및 수분생리에 관여 • 내병성 향상 • 세포 내 삼투압 조절	• 염 스트레스 유발 • 마그네슘, 칼슘, 망간의 흡수 억제 • 비해 유발	• 강우량 많거나 용탈이 심한 곳에 발생 • 사토 또는 CEC가 낮은 토양 • 칼슘, 마그네슘이 풍부한 토양 • 질소시비가 많을 때 • 오래된 잎의 엽맥 간에 노란색으로 변하다가 잎 끝이 고사 • 잎 가장자리에 엽소현상 • 답압피해 및 위조 발생
칼슘(Ca)	• 체내 유기산 중화 • 세포막의 주성분 및 내병성 향상 • 뿌리 발육 향상	마그네슘, 칼륨, 망간 또는 철 결핍 유발	• CEC 낮은 토양에서 발생 • 실질적인 결핍은 신초조직보다 뿌리에서 일어날 가능성이 큼 • 새로운 잎에서 영양장애 발생 • 잎끝과 가장자리가 마르다가 죽음 • 생장이 저해되고 뿌리가 변색됨
마그네슘(Mg)	• 엽록소의 구성 성분 • 인산의 이동을 도움 • 지방, 핵산 합성의 촉진	칼륨, 망간, 칼슘의 결핍 유발	• 산성토양에서 결핍 발생 • CEC 낮은 사토 • 나트륨, 칼슘 또는 칼륨 과잉 • 엽맥 간 황화현상 발생

성분	역할	과잉 발생	결핍 발생
황(S)	• 단백질의 구성 성분 • 엽록소 합성에 관여	• 엽소 가능성 • 토양의 산성화 • 환원상태에서 블랙 레이어 생성	• 유기물 함량이 낮은 토양 • CEC 낮은 사토 • 강우량이 많고 용탈이 심한 곳 • 질소 시비량이 많을 때 • 신초생장 감소 • 새로운 잎의 잎 끝이 노란색으로 변함
철(Fe)	• 엽록소 생성에 관여 • 호흡 작용에 조효소로 작용	• 과량의 엽면시비는 엽색을 검게함 • 망간 결핍 유발 • 산성이고 배수불량 토양에서 독성 유발	• pH 7.5 이상 토양에서 발생 • 뿌리발육이 빈약하며, 대취 축적이 많고, 저온 및 습한 토양에서 발생 • 인산 함량이 많은 토양 또는 중탄산, 칼슘, 망간 등의 함량이 많은 관개수를 사용 • 유기물 함량이 낮은 토양 • 새로운 잎의 엽맥 간 황화현상이 나타나며 잎이 가늘고 연약해짐 • 반점이 나타나기도 하고 결국 오래된 잎에 황화현상이 나타남
망간(Mn)	• 산화환원작용의 촉매 • 엽록소 합성에 관여	• pH 4.8 이하 산성토양에서 뿌리에 독성 유발 • 환원토양에서 과잉 발생 • 과잉 시 칼슘, 철, 마그네슘 결핍 유발	• pH가 높거나 석회질토양에서 발생 • 구리, 아연, 철의 함량이 높을 때 • CEC가 낮고 용탈이 심한 토양 • 지상부 생장이 감소하고 새 잎에 담녹색의 반점 • 잎 끝이 회색 또는 흰색으로 변하고 조직이 연해짐
아연(Zn)	• 산화환원효소의 작용 • 단백질과 전분의 합성	과잉 시 철 또는 마그네슘 결핍에 의해 황화현상 유발	• 염기성토양에서 자주 발생 • 철, 구리, 망간, 인 또는 질소의 함량이 높을 때, 토양수 분함량이 높을 때 발생 • 조직의 연화와 함께 황화현항 • 잎 가장자리가 말리거나 주름짐 • 대부분 어린 잎에 나타남
구리(Cu)	• 광합성에 관련 • 산화환원효소에 관여	오수슬러지 및 가축분 뇨 사용 시 독성 발생	• 유기질 토양에서 발생 • 용탈이 심한 사토 • 철, 망간, 아연 함량이 높거나 pH가 높은 토양 • 어린 잎의 가장자리에 황화현상 • 잎 끝이 시들고 말라 죽음
붕소(B)	• 세포벽 구성물질의 합성 촉진 • 세포 분열과 화분의 수정을 도움	• 관개수에 의한 독성이 발생 • 일부 퇴비의 시용	• pH가 높은 사토에서 발생 • 칼슘이 많으면 붕소의 이용을 제한 • 어린 잎 끝에 황화현상 • 잎이 비틀리고 총생화 됨 • 뿌리발육이 저해되고 두꺼워짐
몰리브덴 (Mo)	• 질산태 질소를 환원하고 단백질 합성 • 근류균의 생육을 도움	pH가 높은 토양에서 독성 발생	• 산성인 사토에 발생 • 철, 알루미늄 산화물이 많거나 구리, 망간, 철, 황 함량이 많으면 몰리브덴 흡수를 억제 • 질소의 황화현상과 유사하여 생육 저해, 엽맥 간 황화현상

성분	역할	과잉 발생	결핍 발생
염소(Cl)	광합성 및 기공개폐에 관여	• 잔디 조직에 직접적인 해를 끼치는 많은 염을 구성 • 토양 염도를 증가시켜 물 이용성 감소	• 질산태 질소 및 황산 함량이 높을 경우 흡수 억제 • 잔디에 대해 뚜렷한 증상이 없음

(6) 엽면시비

① 엽면시비의 필요성

    ㉠ 식물은 영양분을 뿌리로부터 흡수하기도 하고, 잎에서 흡수하기도 한다.

    ㉡ 엽면시비는 뿌리의 기능이 일시적으로 악화되었을 때 엽면으로 양분을 공급하는 시비법이다.

    ㉢ 1회시비로는 효과를 기대하기 어려우므로 몇 차례 반복하여 실시한다.

    ㉣ 농약살포와 엽면시비를 병행할 수 있는 장점이 있다.

② 엽면시비의 효과

    ㉠ 비효가 떨어졌을 때 양분을 단시간 내에 효과적으로 보충할 수 있다.

    ㉡ 단시간 내에 많은 양의 비료를 흡수시켜 생육을 촉진시키고자 할 경우에는 뿌리와 잎 양면으로 흡수시키는 것이 효과적이다.

    ㉢ 이식 후 활착을 빠르게 한다.

    ㉣ 폭풍, 침수, 병충해, 동상해 등으로 뿌리의 발육이 부진하거나 활력이 떨어졌을 때에는 다량의 비료를 공급하여도 흡수하지 못하는 경우가 많아 엽면시비하면 효과적이다.

    ㉤ 토양시비가 용이하지 못한 시기에 이용한다.

③ 엽면시비 농도

비료성분	엽면살포제	살포농도	물 20L당 비료량(g)
질소(N)	요소[$CO(NH_2)_2$]	0.5	100
인산(P)	인산제1칼륨	0.5~1.0	100~200
	인산제1칼륨		
칼륨(K)	인산제1칼륨	0.5~1.0	100~200
	황산칼륨(K_2SO_4)		
칼슘(Ca)	염화칼슘($CaCl_2$)	0.5	100
	질산칼슘		
마그네슘(Mg)	황산마그네슘($MgSO_4 \cdot 7H_2O$)	0.5~2	100~400
붕소(B)	붕사($Na_2B_4O \cdot 5H_2O$)	0.2~0.3	40~60
	붕산(H_3BO_3)		
철(Fe)	황산철($FeSO_4 \cdot 5H_2O$)	0.1~0.3	20~60
아연(Zn)	황산아연($ZnSO_4 \cdot 7H_2O$)	0.25~0.4	50~80

(7) 토양의 물리성 개선

① 논토양의 개량

⊙ 논토양의 노후화와 추락

- Fe, Mn, K, Ca, Mg, Si, P 등이 작토에서 용탈되어 결핍된 논토양을 의미한다.
- 침투수에 의해서 용탈되어 논의 하층의 산화층에 축적된다. → 이를 노후화한다.
- 투수가 잘되고 철 함량이 적은 모재를 가진 논에서는 심한 철부족 노후화답이 된다.
- 여름철 환원층에서는 황산염이 환원되어 황화수소(H_2S)가 생성된다.
- 황화수소는 벼의 뿌리를 상하게 한다.
- 논토양에 철분이 많으면 벼 뿌리가 적갈색산화철의 두꺼운 피막이 형성된다.
- 황화수소는 철과 반응하여 황화철(FeS)이 되어 침전하므로 해가 없다.
- 철분이 부족한 노후화답에서는 황화수소에 의해서 벼 뿌리가 상한다.
  - 양분흡수가 저해되고 늦여름~초가을부터 벼가 하엽부터 말라 올라간다.
  - 깨씨무늬병 등이 많이 발생해 수확량이 감소한다.

⊙ 노후화답의 개량과 재배대책

- 노후화답의 개량 : 객토, 심경, 함철자재 시용, 규산질비료 시용
- 노후화답 재배대책
  - 황화수소에 강한 저항성 품종을 선택한다.
  - 조기재배 : 수확이 빠르도록 재배한다.
  - 무황산근 비료를 시용한다.
  - 추비를 중점 시비하고 지효성 비료를 시비한다.
  - 엽면시비한다.
- 객토량 계산
  - 토양 내 양분의 함량분석은 무게 단위로 분석
  - 실제 비료를 줄 때는 일정한 면적 단위로 계산
  - 예 • 1ha의 면적, 10cm의 표토의 토양부피는?

    $100m \times 100m \times 0.1m = 1,000m^3$

    • 1ha의 면적, 10cm의 표토의 토양무게는?

    ※ 밀도 = 질량/부피, 용적밀도는 평균 $1.25mg/m^3$ 적용

    $1,000m^3 \times 1.25mg \cdot m^{-3} = 1,250mg$(톤)

    • 토양 질산태질소(NO_3-N) 분석치가 10mg/kg, 1ha, 10cm깊이 전체 부피 중의 질량은?

    $1,250 \times 1,000 \times 10 \div 1,000 \div 1,000 = 12.5kg$ NO_3-N/ha

[토양산도별 농용석회 시용기준량(10a/kg)]

토심＼산도	0.1	0.2	0.3	0.4	0.5	0.6	0.7	0.8	0.9	1.0
10cm	25	50	75	100	125	150	175	200	225	250
20cm	38	76	113	150	188	225	263	300	337	370
30cm	50	100	150	200	250	300	350	400	450	500

② 밭토양의 개량

    ㉠ 돌려짓기 : 콩과 식물 또는 심근성 식물을 돌려짓기 하는 것은 토양의 지력을 향상시키고 물리성을 개선하는 효과가 있다.

    ㉡ 깊이갈이

        • 뿌리의 생활 범위를 넓혀 주고 생육환경을 개선하는 것을 목적으로, 우리나라 갈이흙의 깊이는 10cm 정도로 얕은 편이었으나 동력 농기계가 사용되면서부터 차차 그 깊이가 깊어지고 있다.

        • 작토의 깊이 : 작물의 종류에 따라서 다르지만, 일반적으로는 20~25cm이며, 유효토심은 50cm 이상인 것이 바람직하다.

③ 개간지 토양의 개량

    ㉠ 토양면에서 개간 초기에는 밭벼, 고구마, 메밀, 호밀, 조, 고추, 참깨 등을 재배하는 것이 유리하다.

    ㉡ 기상면에서는 고온작물, 중간작물, 저온작물 중 알맞은 것을 선택하여 재배한다.

④ 간척지 토양의 개량

    ㉠ 관배수 시설로 염분, 황산의 제거 및 이상 환원상태의 발달을 방지한다.

    ㉡ 석회를 사용하여 산성을 중화하고, 염분의 용탈을 쉽게 한다.

    ㉢ 석고, 토양개량제, 생짚 등을 사용하여 토양의 물리성을 개량한다.

    ㉣ 제염법으로 담수법, 명거법, 여과법, 객토 등이 있는데 노력, 경비, 지세를 고려하여 합리적 방법을 선택한다.

CHAPTER 03 재배

1 환경관리하기

(1) 토양관리

① 지력

    ㉠ 토양의 물리적·화학적·생물적인 조건으로 작물의 생산력을 지배한다.

    ㉡ 재배적지

- 입단구조가 조성될수록 토양의 수분과 공기상태가 좋아진다.
- 토층은 작토가 깊고 양호하며, 심토도 투수·투기가 알맞아야 한다.
- 토양반응은 중성~약산성이 알맞다.
- 무기성분은 풍부하고 균형 있게 포함되어 있어야 한다.
- 유기물이 증대할수록 지력이 향상되나 습답에서는 도리어 해가 되기도 한다.
- 토양수분이 알맞아야 작물생육에 좋다.
- 토양공기가 적거나 이산화탄소가 많으면, 작물뿌리의 생장과 기능을 저해한다.
- 유용한 토양미생물이 번식하기 좋은 상태에 있는 것이 유리하다.

② 토양의 3상

    ㉠ 고상 : 50%(무기물 : 45%, 유기물 : 5%)

    ㉡ 액상(수분) : 25%

    ㉢ 기상(공기) : 25%

    ※ 작물생육에 알맞은 토양의 3상 분포 : 고상 약 50%, 액상 30~35%, 기상 15~20%

③ 토층 구조 : 유기물층 → 용탈층 → 집적층 → 모재층

    ㉠ 유기물층(O층) : 낙엽, 나뭇가지, 동물 사체 등 유기물이 분해되어 형성된 층

    ㉡ 용탈층(E층) : 용탈작용으로 인해 Al, Fe가 환원되어 회백색을 띠는 표층

    ㉢ 집적층(B층) : 용탈층에서 씻겨내려간 물질이 집적되는 층

    ㉣ 모재층(C층) : 토양생성작용을 거의 받지 않은 모재층

④ 토양수분

    ㉠ 수주높이의 대수를 취하여 pF로 표시한다($pF = \log h$, h는 수주의 높이).

        ※ 1기압(mmHg) = 수주높이 1,000cm = pF 3

ⓛ 토양수분의 종류

결합수(pF 7.0 이상)	• 결정수라고도 하며 점토광물에 결합되어 있어 분리시킬 수 없는 수분을 말한다. • 작물이 이용하지 못한다.
흡습수(pF 4.5 이상)	• 흡착수라고도 하며 건토를 공기 중에 둘 때 분자 간 인력에 의해서 토양 표면에 수증기가 피막상으로 응축한 수분을 말한다. • 작물에 거의 흡수되지 못한다.
모관수(pF 2.7~4.5)	• 표면장력에 의하여 토양공극 내에서 중력에 저항하여 유지되는 수분이다. • 모관현상에 의하여 지하수가 모관공극을 상승하여 공급한다. • 작물이 주로 이용한다.
중력수(pF 0~2.7)	• 중력에 의해서 비모관 공극을 스며 내리는 물이다. • 교질물 사이를 자유로이 이동하며 작물에 이용된다. • 근권 이하로 스며 내린 것은 직접 이용되지 못한다.
지하수	지하에 정체하여 모관수의 근원이 되는 물을 말한다.

ⓒ 토양수분항수

최대용수량 (pF 0)	• 강우, 관개에 의하여 포화된 상태이다. • 모관수가 최대로 포함되어 토양의 전공극이 수분으로 포화상태이다. • 최적함수량은 최대용수량의 75~80%에 있다.
포장용수량 (pF 2.5~2.7)	• 수분으로 포화된 토양으로부터 증발을 방지하면서 중력수를 완전히 배제하고 남은 수분상태를 말한다. • 최소용수량이라고도 한다. • 지하수위가 낮고 투수성인 포장에서 강우 또는 관개 2~3일 뒤의 수분상태의 수분당량과 거의 일치한다. • 작물생육에 가장 알맞은 최적함수량이 포장용수량 부근에 있다.
초기위조점(pF 3.9)	생육이 정지, 작물생육억제 초기단계, 하엽이 위조하기 시작하는 토양수분상태이다.
영구위조점 (pF 4.2)	• 위조한 식물을 포화습도의 공기 중에 24시간 방치해도 회복하지 못하는 위조상태이다. • 영구위조를 최초로 유발하는 토양의 수분상태를 말한다. ※ 위조계수 : 영구위조점에서의 토양함수율, 즉 토양건조 중에 대한 수분의 중량비를 말한다.
흡습계수 (pF 4.5)	• 포화상태로 흡착된 수분량을 건토의 중량백분율로 환산한 값이다. • 상대습도 98%(25℃)의 공기 중에서 건조토양이 흡수하는 수분상태를 말한다. • 흡습수만 남은 상태이다.

⑤ 토양공기

  ㉠ 대기의 이산화탄소의 농도(0.03%)보다 훨씬 높다(0.1~10%).

  ㉡ 토양 중 이산화탄소의 농도가 높아지면 탄산이 생성되어 토양이 산성화된다.

  ㉢ 토양 중 산소가 부족해지면 뿌리의 호흡과 여러 생리작용이 저해된다.

  ㉣ 환원성 유해물질(H_2S)이 생성되어 뿌리가 상한다.

  ㉤ 유용한 호기성 토양미생물의 활동이 저해되어 유효태 식물양분이 감소한다.

⑥ 토양유기물의 기능

　　㉠ 암석의 분해 촉진

　　㉡ 양분의 공급

　　㉢ 생장촉진물의 생성

　　㉣ 대기 중 CO_2 공급

　　㉤ 입단의 형성

　　㉥ 보수력·보비력의 증대

　　㉦ 완충능의 증대

　　㉧ 미생물의 번식 조장

　　㉨ 지온 상승

　　㉩ 토양보호

⑦ 토양미생물과 작물생육과의 관계

　　㉠ 유익작용과 유해작용

유익작용	유해작용
• 암모니아 화성작용 • 유리질소의 고정 • 무기성분의 변화 • 가용성 무기성분의 동화 • 미생물 간 길항작용 • 입단의 생성 • 생장 촉진물질로 작용	• 탈질작용 • 식물과 미생물 간 양분 경합 • 식물병을 유발 • 황산염을 환원하여 황화수소 등의 유해한 환원물질을 생성

　　㉡ 공중질소고정작용 : 근류균은 토양 내에서 유리질소를 고정한다.

　　• 호기성 상태에서 단독으로 고정 : *Azotobacter*, *Azotomonas*

　　• 혐기성 상태에서 단독으로 고정 : *Clostridium*

　　• 콩과 식물 뿌리에서 공생 : *Rhizobium*

　　• 조건 : 토양이 습하고, 토양온도 25~28℃, pH 6.5~7.3 중성에서 생육이 활발하다.

　　• 동일교호 접종군(근류균상호 접종균) : 완두-베치, 콩-콩, 강낭콩-강낭콩, 동부-팥-땅콩

(2) 수분관리

① 작물생육에 대한 수분의 기본적인 역할

　　㉠ 원형질의 생활상태를 유지한다.

　　㉡ 식물체의 구성물질이며 영양적 물질의 형성재료이다.

　　㉢ 세포 내 결합수로 존재하여 식물체 구성물질의 성분이다.

　　㉣ 필요물질 흡수의 용매이다.

ⓜ 식물체 내의 물질분포를 고르게 하는 매개체이다.

ⓗ 필요물질의 합성·분해의 매개체이다.

ⓢ 세포 내 유리수로 존재하여 세포의 팽창상태를 유지하고 식물의 체제를 유지한다.

ⓞ 식물 체온의 급격한 변화를 방지하며, 엽온을 조절한다.

② 작물의 요수량, 증산계수(요수량 = 증산계수)

　　ⓒ 요수량 : 건물 1g을 생산하는 데 소비된 수분의 양

　　　　• 요수량이 큰 작물 : 두과 작물(알팔파, 클로버), 명아주

　　　　• 요수량이 적은 작물 : 수수, 기장, 옥수수

　　　　※ 명아주 > 오이, 호박, 두과 작물 > 감자, 목화, 맥류 > 수수, 기장, 옥수수

　　ⓛ 증산계수 : 건물 1g을 생산하는 데 소비된 수분의 증산량

③ 수분 흡수기구

　　ⓒ 삼투압 : 삼투막 내, 외액의 농도차에 의한 수분의 이동

　　ⓛ 팽압 : 세포의 수분이 증가하면 안에서 밖으로 세포막을 밀어내는 압력

　　ⓒ 막압 : 세포막의 탄력성에 의하여 팽압에 반하는 압력

　　ⓔ 흡수압(확산압차 : DPD) : 삼투압과 팽압의 차이

　　ⓜ SMS(DPD) : 토양의 수분 보유력과 삼투압의 합

　　ⓗ 확산압차구배(DPDD) : 작물 조직 내 세포 사이의 흡수압차

　　ⓢ 팽만상태 : 세포의 수분흡수가 최대로 되어 삼투압과 막압이 같아 DPD가 0인 상태

　　ⓞ 일비현상 : 적극적 흡수로 인해 뿌리세포의 근압차로 발생

(3) 대기관리

① 대기의 조성과 작물

　　ⓒ 아황산가스, 불화수소, 이산화질소, 오존, PAN, 옥시던트, 에틸렌, 납, 염소가스

　　ⓛ 작물의 이산화탄소 포화점은 대기 중의 농도의 7~10배(0.21~0.3%)이다.

　　　　• 대기 중의 이산화탄소 농도는 일반적으로 광합성을 하는 데 부족하다.

　　　　• 식물체가 무성한 곳은 이산화탄소의 농도가 낮다.

　　　　• CO_2 보상점 : 대기 중 농도의 1/10~1/3이다.

　　　　• CO_2 포화점 : 대기 중 농도의 7~10배이다.

② **연풍의 효과** : 4~6km/hr 이하의 바람

　　ⓒ 증산 및 양분 흡수를 조장한다.

　　ⓛ 작물재배 포장 내의 적정 습도 유지로 병해를 경감한다.

　　ⓒ 광합성을 조장한다.

　　ⓔ 수정, 결실을 조장한다.

(4) 온도관리

① 온도와 작물생리

  ㉠ 유효온도 : 작물의 생육이 가능한 범위의 온도를 말한다.

  ㉡ 주요온도 : 최저, 최적, 최고온도 → 최저온도 > 유효온도(최적온도 포함) < 최고온도

  ㉢ 온도계수(Q_{10}) : 온도가 10℃ 상승하는 데 따르는 이화학적 반응이나 생리작용의 증가 배수

- 작물생리 : 2~4, 무한정 증가하는 것은 아니다.
- 광합성 : 30~35℃까지의 광합성 Q_{10}은 2이고, 저온에서 온도 증가 Q_{10} 값이 크다.
- 동화물질의 전류 : 적온까지 온도가 높아질수록 저장 또는 소모기관으로의 전류가 증대된다.
- 호흡작용 : Q_{10}은 30℃까지는 2~3이고, 32~35℃에서 감소한다.
- 벼의 Q_{10} : 1.6~2.0
- 수분흡수는 온도 상승에 따라 증가한다.

  ㉣ 최적온도가 높은 작물 : 멜론, 삼, 오이, 옥수수, 벼

  ㉤ 최저온도가 낮은 작물 : 삼, 호밀, 완두

  ㉥ 적산온도 : 작물이 일생을 마치는 데에 소요되는 총온량으로, 작물의 발아로부터 성숙에 이르기까지 0℃ 이상의 일평균기온을 합산한다.

  ㉦ 적산온도와 작물 : 생육기간이 짧은 메밀이 적산온도가 가장 낮고 벼나 담배의 경우는 높다.

② 변온이 작물생육에 미치는 영향

  ㉠ 동화물질의 축적이 많아진다.

  ㉡ 덩이뿌리, 덩이줄기가 발달한다.

  ㉢ 발아가 조장된다.

  ㉣ 출수, 개화를 촉진한다.

  ㉤ 결실을 조장한다.

  ㉥ 생장에 있어서 변온이 작은 것이 생장이 유리하다.

(5) 광 관리

① 광합성 : $6H_2O + 6CO_2 \rightarrow C_6H_{12}O_6 + 6O_2$

  ㉠ 진정광합성 : 호흡을 무시하고 본 절대적인 광합성을 의미한다.

- 외견상광합성 : 호흡으로 소모된 유기물(이산화탄소 방출)을 제외한 외견상으로 나타난 광합성을 말한다.
- 식물의 건물 생산 : 진정광합성량과 호흡량으로 외견상광합성량에 의해서 결정된다.

ⓒ 보상점
- 호흡에 의한 이산화탄소의 방출속도와 광합성에 의한 이산화탄소의 흡수속도가 같아지는 때, 즉 외견상광합성이 0이 되는 상태의 광도이다.
- 보상점이 낮은 식물은 그늘에 견딜 수가 있어 내음성이 강하다.
ⓒ 광포화점 : 광포화가 개시되는 광의 조도를 의미한다.
- 일반작물의 광포화점은 전광의 30~60% 범위이다.
- 광포화점이 높은 순서 : 벼, 목화, 기장, 조 > 목초, 딸기, 당근

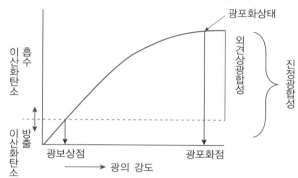

[광보상점과 광포화점의 관계]

② 광호흡 : C_3식물은 광에 의하여 직접 호흡이 촉진되는 광호흡이 현저해지나 C_4식물은 변화가 미미하다.

※ 작물대사생리에 있어 동화, 호흡의 균형이 중요하다.

③ 굴광현상 : 식물이 광조사의 방향에 반응하여 굴곡반응을 나타내는 것을 말한다.
ⓐ 굴광현상에 유효한 파장 : 청색광 440~480nm
ⓑ 옥신의 농도차에 의해 나타난다.
ⓒ 줄기는 향광성, 뿌리는 배광성을 나타낸다.

④ 엽록소 형성에 관여하는 빛 : 청색광과 적색광
ⓐ 청색광 : 450nm 중심의 400~500nm
ⓑ 적색광 : 675nm 중심의 650~700nm

⑤ 군락상태
ⓐ 포장에서 작물이 밀생하고 크게 자라서 잎이 서로 엉기고 포개져서 많은 수효의 잎이 직사광을 받지 못하고 그늘에 있는 상태이다.
ⓑ 포장의 군락상태하에서 광포화점은 상위엽일수록 높고, 하위엽일수록 낮다.
ⓒ 포장동화능력
- 포장군락의 단위면적당 동화(광합성)능력
- 포장동화능력(P) = 총엽면적(A) × 수광능률(f) × 평균동화능력(P_o)

② 호흡량은 엽면적의 크기에 비례하고 어느 이상 엽면적이 증대하면 외견상광합성량이 감소한다.

⑩ 최적엽면적 : 건물생산이 최대로 되는 단위 면적당 군락엽면적을 말한다.

⑪ 엽면적지수(LAI) : 군락의 엽면적을 토지면적에 대한 배수치로 표시한다.

⑪ 최적엽면적지수는 일사량이 클수록 커지고, 수광태세가 좋은 초형일수록 커진다.

⑪ 남북이랑은 동서이랑에 비하여 수광시간은 약간 짧으나 작물생장기의 수광량이 많아 유리하다.

⑥ 일장 : 1일 24시간 중의 명기의 길이

　㉠ 장일 : 12~14시간 이상(보통 14시간 이상)

　㉡ 단일 : 12~14시간 이하(보통 12시간 이하)

　㉢ 일장효과 : 일장이 식물의 화성 및 그 밖의 여러 면에 영향을 끼치는 현상을 말한다.

장일식물	• 한계일장 이상의 일장에서 개화하는 식물 • 맥류, 시금치, 양파, 상추, 감자, 아주까리, 티머시, 양귀비 등
단일식물	• 한계일장 이하의 일장에서 개화하는 식물 • 만생종 벼, 국화, 콩, 들깨, 담배, 샐비어, 코스모스, 도꼬마리, 목화, 나팔꽃 등
중성식물 (중일성식물)	• 일장에 관계없이 개화하는 식물 • 강낭콩, 고추, 토마토, 당근, 셀러리, 가지, 메밀, 목화, 해바라기 등
중간식물 (정일성식물)	• 일정한 범위 내의 일장에서만 개화하는 식물 • 사탕수수(야생, F 106) 등

　㉣ 일장효과에 효과적인 광의 파장 : 600~680nm의 적색광이 가장 효과가 크다.

　㉤ 불연속 명기를 줄 때 명기가 상대적으로 암기보다 길면 장일효과가 나타난다.

　㉥ 단일식물에서는 연속암기가 있어야만 단일효과가 나타난다.

　㉦ 전형적 호광성 종자 : 상추는 암조건하에서 발아 7%이다.

　㉧ 파이토크롬(phytochrome)

　　• P_r : 적색광 흡수형으로 단일식물의 화성을 촉진하고 장일식물의 화성을 억제한다.

　　• P_{fr} : 근적외광 흡수형으로 단일식물의 화성을 억제하고 장일식물의 화성을 촉진한다.

　㉨ 일장처리에 감응하는 부분은 성숙한 잎이다.

　㉩ 장일식물은 옥신의 영향으로 화성이 촉진, 단일식물은 옥신에 의해서 화성이 억제되는 경향이 있다.

② 재배기술 이해하기

(1) 작부체계

① 작부체계의 종류

윤작
(돌려짓기)
	• 윤작의 종류
	  – 3포식 농법 : 포장을 3등분해 경지의 2/3에는 춘파 또는 추파의 곡물을 재식하고 나머지 1/3은 휴한하는 것으로 순차적으로 교체하는 방식. 윤작의 시초이며 초기의 지력유지책으로 실시
	  – 개량3포식 : 3포식 농법의 휴한지에 클로버 등의 두과 녹비작물을 재식해 지력의 증진을 도모하는 방식
	  – 노포크식 : 연차로 한 가지의 주작물을 연작
	• 윤작의 효과
	  – 지력의 유지 및 증강 : 질소고정, 잔비량 증가, 토양구조 개선, 토양유기물 증대, 구비생산 증대, 비료 소모의 균형화 등
	  – 기지의 회피
	  – 병충해 및 잡초의 경감
	  – 수량 증대
	  – 토지이용도의 향상
	  – 노력 분배의 합리화
	  – 농업경영의 안정성 증대
	  – 토양보호

간작 (사이짓기)	한 가지 작물이 생육하고 있는 고랑(휴간) 또는 주간에 다른 작물을 재배
혼작 (섞어짓기)	• 생육기간이 거의 같은 두 종류 이상의 작물을 동시에 같은 포장에 섞어서 재배 • 작물 사이의 주작물과 부작물의 관계가 명확한 것도 있으나 명확하지 않은 경우가 많음 • 혼작하는 것이 각각의 작물을 따로 재배하는 것보다 합계수량이 많아야 의미가 있음 • 점혼작 : 콩＋수수·옥수수, 고구마＋콩 • 난혼작 : 콩＋수수·조, 목화＋참깨·들깨, 조＋기장, 조＋수수, 오이＋아주까리, 기장＋콩, 팥＋메밀
교호작 (번갈아 짓기)	• 콩의 두 이랑에 옥수수 한 이랑씩 생육기간이 비등한 작물들을 서로 건너서 번갈아 재배하는 방식 • 간작에 비해 주작물과 간작물, 전작물과 간작물의 뚜렷한 구별이 없음 • 각각의 작물을 따로 재배하는 것보다 단위면적당의 합계수량이 더욱 많아야 의미가 있음
주위작 (둘레짓기)	• 포장의 주위에 포장 내의 작물과 다른 작물들을 재배하는 것 • 포장 주위의 공간을 생산에 이용하는 것이 주목적 • 옥수수, 수수 등과 같이 초장이 긴 작물의 재배는 방풍의 효과가 있음 • 경사지 포장의 주위에 닥나무, 뽕나무 등을 심으면 방풍 및 토양보호 효과가 있음

답전윤환	• 논을 몇 해 동안씩 담수한 논상태와 배수한 밭상태로 돌려가면서 이용하는 것
	• 답전윤환의 효과
	  – 지력 증강
	  – 기지의 회피
	  – 잡초의 감소
	  – 벼의 수량 증가
	  – 노력 절감

② 연작과 기지

   ⑦ 연작은 동일한 포장에서 동일한 작물을 계속해서 재배하는 것을 말하고, 연작을 할 때 작물의 생육이 뚜렷하게 나빠지는 현상을 기지라 한다.

     • 1년 휴작을 요하는 작물 : 쪽파, 시금치, 콩, 파, 생강

     • 2년 휴작을 요하는 작물 : 마, 감자, 잠두, 오이, 땅콩

     • 3년 휴작을 요하는 작물 : 쑥갓, 토란, 참외, 강낭콩

     • 5~7년 휴작을 요하는 작물 : 수박, 고추, 토마토, 우엉, 가지, 완두, 사탕무, 레드클로버

     • 10년 이상 휴작을 요하는 작물 : 아마, 인삼

     • 연작의 해가 적은 것 : 벼, 맥류, 조, 수수, 옥수수, 고구마, 대마(삼), 담배, 무, 당근, 양파, 호박, 연, 순무, 뽕나무, 아스파라거스, 토당귀, 미나리, 딸기, 양배추 등

     • 과수의 기지 정도

       – 기지가 문제시되는 과수 : 복숭아, 무화과, 감귤, 앵두 등

       – 기지가 나타나는 정도의 과수 : 감나무

   ⓛ 기지의 원인

     • 토양 비료분의 소모

     • 토양 중의 염류집적

     • 토양 물리성의 악화

     • 잡초의 번성

     • 유독물질의 축적

     • 토양선충의 피해

     • 토양전염의 병해 : 아마(잘록병), 토마토(풋마름병), 사탕무(갈색무늬병), 인삼(뿌리썩음병), 강낭콩(탄저병), 수박(덩굴쪼김병), 완두(잘록병), 백합(잘록병), 목화(잘록병), 가지(풋마름병) 등

   ⓒ 기지의 대책

     • 윤작

     • 담수

     • 토양소독

     • 유독물질제거

     • 객토 및 환토

     • 접목

     • 지력배양

③ 혼파

   ⑦ 두 가지 이상의 작물종자를 혼합해서 파종하는 방법

   ⓛ 사료작물 재배 시 화본과와 두과 종자를 섞어 뿌려 목야지를 조성하는 데 널리 이용

ⓒ 종자의 혼합비율은 화본과 목초와 두과 목초의 종자를 3 : 1 내외로 하고 질소비료를 적게 사용

ⓔ 혼파의 이점
- 가축영양상의 이점
- 공간의 효율적 이용
- 비료성분의 효율적 이용
- 질소비료의 절약
- 잡초의 경감
- 재해에 대한 안정성 증대
- 산포량의 평준화
- 건초제조상의 이점

ⓜ 혼파의 단점 : 파종작업이 힘들고 목초별로 생장이 다르기 때문에 시비, 병해충 방제, 수확 등의 관리가 불편

(2) 종자

① 종자의 분류

형태에 의한 분류	• 식물학상의 종자 : 두류, 평지(유채), 담배, 아마, 목화, 참깨 등 • 식물학상의 과실 – 과실이 나출된 것 : 밀, 쌀보리, 옥수수, 메밀, 호프, 삼, 차조기, 박하, 제충국 등 – 과실이 영에 싸여 있는 것 : 벼, 겉보리, 귀리 등 – 과실이 내과피에 싸여 있는 것 : 복숭아, 자두, 앵두 등
배유의 유무에 의한 분류	• 배유종자 : 벼, 보리, 옥수수 등의 화본과 종자 • 무배유종자 : 콩, 팥 등의 두과 종자
저장물질에 의한 분류	• 전분종자 : 미곡, 맥류, 잡곡 등의 화곡류 • 지방종자 : 참깨, 들깨 등

> 참고 종묘로 이용되는 영양기관의 분류
> • 눈 : 마, 포도나무, 꽃의 아삽 등
> • 잎 : 베고니아 등
> • 줄기
> – 지상경 또는 지조 : 사탕수수, 포도나무, 사과나무, 귤나무, 모시풀
> – 땅속줄기 : 생강, 연, 박하, 호프 등
> – 덩이줄기 : 감자, 토란, 돼지감자 등
> – 알줄기 : 글라디올러스 등
> – 비늘줄기 : 백합, 마늘 등
> – 흡지 : 박하, 모시풀 등
> • 뿌리
> – 지근 : 닥나무, 고사리, 부추 등
> – 덩이뿌리 : 달리아, 고구마, 마 등

② 외떡잎식물과 쌍떡잎식물 종자의 구조 비교

내용	외떡잎식물(옥수수)	쌍떡잎식물(강낭콩)
내부구조	과피, 배유, 초엽, 유아, 중배축, 배반, 유근, 근초	종피, 유근, 제1엽, 떡잎
양분의 주요 저장기관(핵형)	배유(3n)	떡잎(2n)
배유의 유무	있음	없음
발아형태	지하 자엽형 발아	지상 자엽형 발아
발아 시 저장기관의 행방	종자에는 배유가 있으나 발아 후에는 배유의 형태가 없음	종자 상태로나 발아 후에도 떡잎은 존재함
종자 구조		

③ 종자의 품질

외적 조건	• 순도 : 전체 종자에 대한 불순물을 제외한 순수종자의 중량비 ※ 순도가 높을수록 품질이 향상됨 ※ 불순물 : 이형종자, 잡초종자, 협잡물 • 종자의 크기와 중량 : 종자는 크고 무거운 것이 충실하며, 발아·생육이 좋음 ※ 종자의 크기는 보통 1,000립중 또는 100립중으로 표시 • 색택 및 냄새 : 품종 고유의 신선한 색택과 냄새를 가진 것이 건전, 충실 • 수분함량 : 종자의 수분함량은 대체로 낮을수록 좋음 → 수분함량이 낮을수록 저장이 잘되고 발아력이 오래 유지 • 건전도 : 오염, 변색, 변질이 없고 기계적 손상이 없는 종자
내적 조건	• 유전성 : 우량품종에 속하는 종자이고 이형종자의 혼입이 없어 유전적으로 순수한 것이 양호 • 발아력 : 발아력이 높고, 발아가 빠르고, 균일하며 초기신장성이 좋은 것이 우량 • 병충해 : 감자의 바이러스병, 맥류의 깜부기병 등은 종자로 전염하는 병해나 밀의 선충처럼 종자로 전염하는 충해가 없는 종자가 우량

④ 종자검사와 종자보증

ㄱ) 종자검사 : 종자의 외관적·유전적·생리적·병리적인 조건을 포장에서 생육할 때부터 종자단계에 이르기까지 엄밀히 검사해 종자품질의 합격·불합격을 결정하는 것

ㄴ) 종자보증 : 품종의 진실성, 종자의 순수성, 발아율, 종자전염을 하는 병해가 없는 것, 위험 잡초종자가 없는 것 등을 종자의 구매자에게 보증하는 제도

⑤ 종자의 퇴화와 채종

　㉠ 종자퇴화 : 생산력이 우수하던 종자가 재배연수를 경과하는 동안에 생산력이 떨어지고
　　품질이 나빠지는 현상이다.

유전적 퇴화	• 자연교잡 　– 격리재배를 함으로써 방지할 수 있음 　– 옥수수 400~500m 이상, 호밀 300~500m 이상, 십자화과 작물 100m 이상 다른 품종과 　　격리재배 • 이형종자의 기계적 혼입 : 이형주의 식별이 용이한 출수~성숙기의 시기에 이형주를 철저히 　도태시키고, 퇴비, 낙수나 수확, 탈곡, 보관 시 이형종자의 기계적 혼입을 방지 • 돌연변이 • 새로운 유전자의 분리
생리적 퇴화	환경조건이나 재배조건이 불량한 곳에서 채종한 종자는 유전성의 변화가 없을지라도 생산력 이 저하됨 • 감자 : 생육기간이 짧고 기온이 높은 평지에서 생산된 씨감자는 충실하지 못함 → 평야지산 　씨감자의 경우 고랭지산 씨감자에 비해 생리적으로 불량함 • 콩 : 서늘한 지역의 차지고 수분이 넉넉한 토양에서 채종하면 충실한 종자를 생산 • 벼 종자 : 평야지보다 분지에서 생산된 것이 임실이 좋음
병리적 퇴화	• 발병조건지에서 그 작물을 계속해 재배하면 종자전염을 하는 병해충이 만연해 종자가 퇴 　화됨 • 감자의 바이러스병, 맥류 깜부기병 • 예방대책 : 무병지채종, 종자소독, 병해의 발생방제, 약제살포, 이형주의 도태, 종서검정

　㉡ 채종재배 : 우수한 종자의 생산을 목적으로 재배하는 것이다.

　　※ 감자 재배지 : 고랭지, 옥수수·십자화과 작물 재배지 : 격리포장

　　• 종자의 선택 및 처리 : 원종포 등에서 생산된 우수한 종자를 선종, 종자소독 등의 필요한
　　　처리 후 파종한다.

　　• 재배 : 질소질 비료의 과용을 피하고 지나친 밀식을 회피한다.

　　• 이형주 도태 : 출수개화기부터 성숙기에 걸쳐 이형주를 찾아 철저히 도태한다.

　　• 수확 및 조제
　　　– 약간 이른 시기에 수확한다.
　　　– 화곡류의 경우 황숙기, 십자화과 채소의 경우 갈숙기에 채종한다.
　　　– 벼의 경우 회전탈곡기의 회전수를 1분간 300~350회, 식용 탈곡 시보다 줄인다.

　　• 저장 : 적정 습도에서 저장한다.

⑥ 종자처리 : 선종 → 소독 → 침종 → 최아

　㉠ 선종 : 크고 충실하며 발아 및 생육이 좋은 종자를 가리는 것이다.
　　• 육안에 의한 선별
　　• 용적에 의한 선별
　　• 중량에 의한 선별
　　• 비중에 의한 선별

ⓛ 종자소독

화학적 소독	• 침지소독 : 농약의 수용액에 종자를 일정시간 담그는 소독법
	• 분의소독 : 농약분을 종자에 그대로 묻게 하는 소독법
물리적 소독	• 냉수온탕침법
	– 맥류의 겉깜부기병 : 냉수 6~8시간 → 45~50℃의 온탕 2분 → 겉보리 53℃, 밀 54℃의 온탕 5분 → 냉수 세척 후 파종
	– 벼 선충심고병 : 냉수 24시간 → 45℃의 온탕 2분 → 52℃의 온탕 10분 → 냉수 세척 후 파종
	• 온탕침법
기피제 처리	새, 동물, 쥐 등에 의한 종자의 손실을 막기 위해 종자에 화학약제를 처리

ⓒ 침종 : 종자를 파종하기 전 일정한 기간 동안 물에 담가서 발아에 필요한 수분을 흡수시키는 것으로 벼, 가지, 시금치, 수목의 종자에서 실시한다.

ⓔ 최아 : 벼, 맥류, 땅콩, 가지 등에서 발아·생육을 촉진할 목적으로 종자의 싹을 틔워 파종하는 것이다.

ⓜ 종자의 경화 : 불량환경에서의 출아율을 높이기 위해 파종 전 종자에 흡수·건조과정을 반복적으로 처리함으로써 초기 발아과정에서의 흡수를 조장하는 것이다.

⑦ **종자의 발아와 휴면**

㉠ 종자의 발아에 관여하는 요인

• 발아의 내적 조건 : 유전성의 차이, 종자의 성숙도 등이 발아에 영향을 미친다.

• 발아의 외적 조건

수분	• 발아에 필요한 제1조건
	• 수분은 양분의 분해를 위한 효소의 활성화, 저장양분의 이용에 필요
	• 발아에 필요한 수분 : 벼 23%, 밀 30%, 쌀보리 50%, 콩 100%
산소	• 발아 중의 생리활동에도 호흡작용이 필요
	• 벼 : 산소가 부족할 경우 유아가 먼저 출현해 도장되고 연약해짐
	• 수중에서 발아를 하지 못하는 종자 : 메밀, 가지, 고추, 밀, 무, 귀리, 콩, 파, 양배추, 알팔파, 강낭콩, 완두 등
	• 수중에서 발아율이 떨어지는 종자 : 담배, 토마토, 화이트클로버, 카네이션, 미모사
	• 수중에서 발아가 감퇴하지 않는 종자 : 벼, 상추, 당근, 티머시, 카펫그래스 등
온도	• 일반적으로 작물의 발아 최저온도는 0~10℃, 최적온도는 20~30℃, 최고온도는 35~50℃
	• 변온에 의한 발아 촉진 작물 : 셀러리, 오처드그라스, 버뮤다그래스, 존슨그래스, 레드톱, 피튜니아, 담배, 아주까리, 박하 등
광	• 혐광성 종자 : 토마토, 가지, 백합과 식물, 호박
	• 호광성 종자 : 담배, 상추, 우엉, 피튜니아, 차조기, 뽕나무 등

㉡ 종자의 발아과정 : 수분 흡수 → 효소의 활성화 → 배의 생장개시 → 과피의 파열 → 유묘의 출현 → 유묘성장

㉢ 발아조사

• 발아율 : 파종된 총종자 개체수에 대한 발아종자 개체수의 비율(%)

• 발아세 : 일정한 기간 내의 발아율

• 발아시 : 파종된 종자 중에서 최초로 1개체가 발아한 날

- 발아기 : 전체 종자수의 50%가 발아한 날
- 발아전 : 전체 종자수의 80%가 발아한 날
- 발아일수 : 파종기부터 발아기까지의 일수
- 발아기간 : 발아시부터 발아전까지의 기간
- 평균발아일수 : 발아한 모든 종자의 평균적인 발아일수

$$\text{평균발아일수} = \frac{\sum t_i n_i}{\text{총발아 개체수}}$$

여기서, t_i : 파종 후 일수

n_i : 당일발아 개체수

㉣ 종자의 수명과 발아

단명종자(1~2년)	메밀, 기장, 고추, 당근, 상추, 양파, 파
상명종자(3~5년)	벼, 밀, 보리, 귀리, 완두, 목화, 멜론, 시금치, 무, 호박, 우엉
장명종자(5년 이상)	비트, 토마토, 가지, 수박, 클로버, 사탕무, 나팔꽃

㉤ 종자발아력의 간이 검정법

테트라졸륨법	• 종자를 8~18시간 물에 침지해 배를 분리하고 1%의 TTC 용액에 첨가해 40℃에서 2시간 반응시킴 • 배의 환원력에 의해 발아력이 강한 종자는 배·유아의 단면이 전면 적색으로 염색
구아야콜법	• 종자의 배 및 배유를 종단해 1%의 구아야콜 수용액 한 방울을 가하고 다시 1.5%의 과산화수소액을 한 방울 가함 • 죽은 종자는 착색되지 않고 발아력이 강한 종자는 배 및 배유의 단면이 갈색으로 착색됨

㉥ 종자의 휴면의 의의
- 성숙한 종자에 적당한 발아조건을 주어도 일정기간 동안 발아하지 않는 성질이다.
- 자발적 휴면 : 외적 조건이 발아에 적합해도 내적 원인에 의해 휴면하는 것이다.
- 강제휴면 : 외적 조건이 발아에 부적당하기 때문에 유발되는 휴면이다.
- 휴면의 생태학적 의미 : 휴면에 의해 불량한 환경을 극복하고 종족번식이나 생존에 있어 매우 유익하다.

㉦ 휴면의 원인
- 배의 미숙
- 저장물질의 미숙
- 생장소의 부족 : 땅콩
- 발아억제물질
- 종피의 불투수성 : 경실종자의 휴면의 주된 원인이다.
- 종피의 불투기성 : 귀리, 보리 등의 종자에서는 종피로 인해 산소흡수가 저해되고 이산화탄소가 축적돼 발아하지 못한다.
- 종피의 기계적 저항 : 잡초종자에서 흔히 나타난다.

◎ 휴면타파와 발아촉진

경실의 휴면타파법	• 종피파상법 : 종피에 상처를 내서 파종 • 농황산처리 : 연(5시간), 고구마(1시간), 화이트클로버(30분), 감자(20분), 목화(5분) • 저온처리 • 건열처리 • 습열처리 • 진탕처리 • 질산염처리
화곡류 및 감자의 휴면타파법	• 벼종자 : 40℃에 3주 또는 50℃에 4~5일간 보관 • 맥류종자 : 0.5~1%의 과산화수소액에 24시간 침지 • 감자 : 2ppm 정도의 지베렐린 수용액에 30~60분간 침지
발아촉진물질	• 지베렐린 : 감자, 목초, 차조기, 인삼, 호광성 종자인 양상추, 담배 등에 효과 • 시토키닌 : 정아우세를 억제하고 측아의 생장을 촉진 • 에틸렌 • 질산염 : 화본과 목초에 효과적

㉣ 휴면연장과 발아억제

온도조절	저온저장이 일반적이며, 감자의 괴경은 0~4℃, 양파는 1℃ 내외로 저장
약제처리	• 감자 : 수확 4~6주 전에 1,000~2,000ppm의 MH-30수용액을 경엽에 살포 • 양파 : 수확 15일쯤 전에 3,000ppm의 MH수용액을 잎에 살포, 수확 당일 MH 0.25%액에 하반부를 48시간 침지
감마(γ)선 조사	감자, 당근, 양파, 밤 등은 감마선 조사에 의해 발아가 억제

(3) 영양번식

① 영양번식의 이점

　㉠ 종자번식이 어려울 때 이용 : 고구마, 마늘

　㉡ 우량한 상태의 유전질을 쉽게 영속적으로 유지 : 과수, 감자 등

　㉢ 종자번식보다 생육이 왕성할 때 이용 : 감자, 모시풀, 꽃, 과수 등

　㉣ 암수의 어느 한쪽 그루만 재배할 때 이용 : 호프는 수량이 많은 암그루만 재배

② 영양번식의 종류

삽목 (꺾꽂이)	엽삽 (잎꽂이)	• 모체에서 분리한 잎을 알맞은 곳에 심어 발근시켜 독립개체로 번식 • 베고니아, 펠라고늄 등
	경삽 (줄기꽂이)	• 모체의 영양체 중 줄기를 이용하며 삽목 중에서 가장 많이 사용하는 방법 • 줄기의 숙도에 따라 신초삽, 녹지삽, 숙지삽, 휴면지삽으로 나눔 • 포도, 무화과 등
	근삽 (뿌리꽂이)	• 뿌리를 잘라내어 실시하는 삽목 • 땅두릅, 자두, 앵두, 사과, 감, 오동 등
접목(접붙이기)		• 번식시키려는 식물의 가지나 눈을 채취하여 다른 나무에 붙여서 키우는 방법 　※ 접수(접순) : 접을 붙여 키우고자 하는 가지로 접목의 윗부분 　　　대목 : 뿌리가 되거나 접수의 밑부분이 되는 나무 • 대목과 접수의 형성층을 잘 접합해야 함 • 접목의 이점 : 결과 촉진, 수세조절, 풍토 적응성 증대, 병충해 저항성 증대, 결과 　향상, 수세 회복

분주(포기나누기)		• 모주에서 발행하는 흡지를 뿌리가 달린 채로 분리해 번식 • 가장 안전한 번식법 • 박하, 모시풀, 골풀, 닥나무, 머위, 토당귀, 아스파라거스 등에 이용
분구(뿌리나누기)		• 지하부의 줄기, 뿌리 등이 비대해진 구근을 번식에 이용 • 인경(비늘줄기), 근경(뿌리줄기), 구경(알줄기), 괴경(덩이줄기), 괴근(덩이뿌리)
취목 (묻어떼기)	선취법 (휘묻이)	• 가지를 휘어서 일부를 흙 속에 묻는 방법 • 포도, 양앵두, 자두 등
	성토법 (세워묻어떼기)	• 가지를 굽히지 않고 꼿꼿이 선 채로 밑동에 흙을 긁어모아 발근시키는 방법 • 뽕나무, 사과, 양앵두, 자두 등
	고취법 (높이떼기)	• 가지나 줄기를 땅속에 묻을 수 없는 경우 높은 곳에서 발근시키는 방법 • 원하는 모양의 가지를 번식시킬 수 있으며, 번식 후 빠른 생장이 가능

③ 조직배양
  ㉠ 식물의 일부 조직을 무균적으로 배양해 조직 자체의 증식 생장 및 각종 조직, 기관의 분화발달에 의해 개체를 육성하는 방법이다.
  ㉡ 전형성능 : 세포 자체가 단일세포로부터 완전한 개체를 생성하는 것이다.
  ㉢ 세포나 조직의 배양의 이용성
    • 세포의 증식, 기관의 분화, 조직의 생장 등 식물의 발생과 형태형성 및 발육과정과 이에 관여하는 영양물질, 비타민, 호르몬의 역할, 환경조건 등에 대한 기본적 연구 가능
    • 난초와 같은 번식이 곤란한 관상식물을 단시일 내에 대량으로 육성
    • 세포돌연변이를 분리해 이용
    • 바이러스, 병에 걸리지 않은 무병주 육성
    • 조직배양에 의한 2차 대사산물 이용 : 사탕수수의 자당, 약용식물, 화곡류의 전분 등
    • 농약, 방사선에 대한 감수성 검정

(4) 정지

① 토양의 이화학적 성질을 작물의 생육에 알맞은 상태로 조성하기 위하여 파종이나 이식(또는 이앙)에 앞서 토양에 가하는 각종 기계적 작업을 정지라 하며 경운, 이랑 만들기, 쇄토 및 진압이 포함된다.
② 경운(plowing)
  ㉠ 토양을 갈아 일으켜 흙덩이를 반전(反轉)시키고 대강 부스러뜨리는 작업을 말한다.
  ㉡ 경운의 효과
    • 토양의 이화학적 성질 개선 : 토양의 투수성 · 통기성이 좋아져 파종 · 관리 작업이 용이해지며 종자발아 · 유근신장 및 근군의 발달이 용이해진다.
    • 잡초의 경감 : 호광성인 잡초종자가 경운에 의하여 지하 깊숙이 매몰되므로 잡초발생이 억제된다.
    • 해충의 경감 : 땅 속에 은둔하고 있는 해충의 유충이나 번데기를 지표에 노출시켜 얼어죽게 한다.

③ 작휴(이랑만들기)

    ㉠ 작물이 심긴 부분과 심기지 않은 부분이 규칙적으로 반복될 때 이 반복되는 1단위를 이랑(畦部)이라 한다.

    ㉡ 이랑이 평평하지 않고 기복이 있을 때에는 융기부를 이랑(畦部)이라 하고, 함몰부를 고랑 또는 골이라고 한다.

    ㉢ 이랑을 만드는 이유 : 파종·제초·솎음 등의 관리에 편하고 지온을 높이며 배수 및 통기를 좋게 하고 작토층을 두껍게 한다.

    ㉣ 작휴법의 종류

평휴법	• 이랑을 평평하게 하여 이랑과 고랑의 높이가 같게 하는 방식 • 건조해와 습해가 동시에 완화되며, 채소·밭벼에서 실시
휴립법	이랑을 세워서 고랑이 낮게 하는 방식 • 휴립구파법 : 이랑을 세우고 낮은 골에 파종하는 방식으로 맥류의 한해(旱害)와 동해(凍害) 방지, 감자의 발아촉진 및 배토를 위해 실시 • 휴립휴파법 : 이랑을 세우고 이랑에 파종하는 방식으로 고구마는 이랑을 높게 세우고 조·콩 등은 이랑을 비교적 낮게 세움. 이랑에 재배하면 배수와 토양의 통기가 좋음
성휴법	이랑을 보통보다 넓고 크게 만드는 방식

④ 쇄토(碎土)

    ㉠ 갈아 일으킨 흙덩이를 곱게 부수고 지면을 평평하게 고르는 작업이다.

    ㉡ 논에서는 경운한 다음 물을 대고 써레로 흙덩이를 곱게 부수는데, 이 작업을 써레질이라 한다.

(5) 파종

① 파종기 : 파종된 종자가 발아하려면 저온이 발아최저온도 이상이고, 토양수분도 필요한 한도 이상이어야 하며 파종의 실제 시기는 작물의 종류 및 품종, 재배지역, 작부체계, 재해회피, 토양조건, 출하기 등에 따라 결정된다.

② 파종방법

산파 (흩어뿌림)	• 포장 전면에 종자를 흩어 뿌리는 방법으로 노력이 적게 들지만 종자 소요량이 많음 • 생육기간 중 통기 및 통광이 나쁘고 도복되기 쉬우며 제초, 병해충 방제 등의 관리작업이 불편 • 일반적으로 목초를 파종할 때, 답리작으로 자운영을 파종할 때, 조·귀리·메밀 등과 같은 잡곡을 조방재배할 때, 맥류의 생력화재배 등에 적용
조파 (줄뿌림)	• 뿌림골을 만들고 종자를 줄지어 뿌리는 방법으로 통풍·통광이 좋고 관리 작업이 편리 • 대부분의 작물들은 조파양식으로 파종
점파 (점뿌림)	• 일정한 간격을 두고 종자를 몇 개씩 띄엄띄엄 파종 • 노력은 다소 많이 들지만 건실하고 균일한 생육
적파	• 점파와 비슷한 방식으로 점파를 할 때 한 곳에 여러 개의 종자를 파종 • 작물을 집약적으로 재배할 때 파종 노력이 많이 들지만 수분, 비료분, 수광, 통풍 등의 환경조건이 좋아지므로 생육이 더욱 건실하고 양호해지며 비배관리작업도 편리

③ 파종량

    ㉠ 수량·품질을 최상으로 보장하는 파종량을 결정할 때에는 작물의 종류 및 품종, 종자의 크기, 파종기, 재배지역, 재배법, 토양 및 시비, 종자의 조건 등을 고려한다.

    ㉡ 파종량 결정 요인

        • 기후 : 추운 곳은 따뜻한 곳보다 파종량을 늘려 파종

        • 토질 및 비료 : 땅이 척박하거나 시비량이 적을 때는 파종량을 늘림

        • 종자의 발아력 : 발아력이 낮은 것은 파종량을 늘림

(6) 이식

① 작물을 현재 자라고 있는 곳으로부터 다른 장소로 옮겨 심는 일을 이식이라 한다.

    ㉠ 정식 : 수확기까지 그대로 둘 장소(본포)에 옮겨 심는 것

    ㉡ 가식 : 정식할 때까지 잠정적으로 이식해 두는 것으로 불량묘 도태, 이식성 향상, 웃자람 방지효과

② 이식의 시기 : 과수 등의 다년생 목본식물은 싹이 움트기 전에 춘식하거나 낙엽이 진 뒤 추식하며 일반작물이나 채소는 파종기를 지배하는 요인들에 의해서 이식기가 결정된다.

③ 마지막 가식으로부터 정식할 때까지의 기간이 길면 뿌리가 너무 길게 뻗어나가 정식할 때 뿌리가 많이 끊어지므로 정식 7~10일 전 모의 자리 바꾸기를 한다.

(7) 생력재배와 기계화 재배

① 생력재배

    ㉠ 생력재배는 재배과정에서 노동력을 절감하고 제반비용을 줄여 생산성을 높이는 데 의의가 있다.

    ㉡ 농촌 노동력 부족으로 생력기계화 영농기술 개발에 박차를 가하게 되었다.

    ㉢ 생력재배는 정밀농업기계의 이용, 자동화시설, 제초제의 사용, 재배기술의 개선 등을 통해 이루어진다.

② 생력재배의 효과

    ㉠ 재배방식의 개선, 적기작업, 기계화 생력재배의 도입 등으로 농업노력비와 생산비의 절감과 단위수량·토지이용도의 증대를 이루면 농업경영은 크게 개선된다.

    ㉡ 저투입 지속농업을 가능하게 한다.

    ㉢ 생력재배기술의 개발로 큰 효과를 거두고 있는 것

        • 노지재배 → 비 가림 시설재배

        • 호미에 의한 중경 → 심경굴착기에 의한 심경

        • 인력의 살포작업에 의한 화학비료 시비 → 비료살포기에 의한 유기질비료 시비

        • 자연강우에 의한 관수 → 점적 관수시설 이용

③ 생력재배의 조건
  ㉠ 농지가 생력화를 가능하게 할 수 있도록 정리한다.
  ㉡ 넓은 면적을 공동관리에 의하여 집단으로 재배한다.
  ㉢ 기계의 이용에 따른 남는 노동력을 수익화한다.
  ㉣ 품종선택·재배법·작부체계의 개선 등 기계화 적응 재배체계를 확립한다.
④ 기계화 재배
  ㉠ 기계화 농업
    • 농업기계화의 추진에 따라 노동능률과 농업생산력이 증대된다.
    • 경영규모의 한계에서 벗어나 인간의 노동력을 대체하고 노동을 절약할 수 있다.
    • 기계화의 생력효과는 농업인을 중노동에서 벗어나게 한다.
  ㉡ 새로운 농기계의 도입여부는 농기계의 도입에 따라 발생하는 편익과 증가하는 유동비와 고정비를 합한 손익분기금액이 같아지는 점에서 결정되어야 한다.
⑤ 정밀농업(precision farming)
  ㉠ 정밀농업이란 농토 안에서 토양정보를 기초로 시비량, 파종량을 결정하여 불필요한 농자재 투입의 최소화, 기계이용효율의 향상, 수확량 증가와 고품질화 등으로 최대의 이익을 얻으며, 아울러 환경오염을 줄여 지속적인 농업생산을 수행하는 것이다.
  ㉡ 정밀농업의 도입 배경 : 필요한 시기에, 필요한 곳에, 필요한 양의 농작업을 처리해 줄 수 있는 효과적인 기계화된 정밀농업이 필요하다.
  ㉢ 정밀농업은 포장의 위치를 파악할 수 있는 GPS를 이용한 위치정보시스템, 포장정보를 검출하는 센서, 검출된 포장정보를 가시적인 지도로 표현하는 지도화 시스템, 그리고 이 지도를 바탕으로 포장을 정밀하게 관리할 수 있는 제어시스템으로 구성되며 이를 통틀어 정밀 농업시스템이라고 한다.
  ㉣ 정밀농업은 농업의 생산성 증대, 오염의 최소화, 농산물의 안전성 확보, 수익 증대 등 환경보호와 경제적 효율성을 동시에 달성할 수 있는 수단으로 선진국을 중심으로 연구가 진행되고 있다.

(8) 재배관리

① 시비
  ㉠ 비료의 분류

비효 및 성분에 따른 분류	• 질소질 비료 : 요소, 황산암모니아(유안), 질산암모니아(초안), 석회질소 등 • 인산질 비료 : 과인산석회(과석), 중과인산석회(중과석), 용성인비, 용과린 • 칼륨질 비료 : 염화칼륨, 황산칼륨 등

비료의 반응에 따른 분류	화학적 반응	비료의 수용액이 띠는 반응으로 산성, 중성, 염기성으로 구분 • 화학적 산성비료 : 과인산석회, 염화암모늄, 유안 등 • 화학적 중성비료 : 황산칼륨, 염화칼륨, 요소, 칠레초석, 질산나트륨, 질산칼륨 등 • 화학적 염기성비료 : 생석회, 소석회, 탄산칼륨, 석회질소, 용성인비, 규산석회 등
	생리적 반응	토양에 비료를 시용한 후에 식물이 흡수된 나머지 토양 중에서 나타나는 반응 • 생리적 산성비료 : 황산암모늄, 염화암모늄, 황산칼륨, 염화칼륨, 부숙한 인분뇨 등 • 생리적 중성비료 : 질산암모늄, 질산칼륨, 요소, 과인산석회 등 • 생리적 염기성비료 : 석회질소, 용성인비, 탄산칼륨(초목회) 등

ⓛ 주요 비료의 성분

종류	질소(%)	인산(%)	칼륨(%)
요소	46	–	–
황산암모니아(유안)	21	–	–
질산암모니아(초안)	35	–	–
석회질소	20~22	–	–
과인산석회	–	16	–
중과인산석회	–	44	–
용성인비	–	18~19	–
용과린	–	20	–
염화칼륨	–	–	60
황산칼륨	–	–	48~50

ⓒ 시비의 원리

• 최소양분율 : 제한인자가 식물의 생육을 결정한다.

• 수량점감의 법칙 : 어느 한계 이상으로 시용량이 많아지면 일정량을 시비하는데 따르는 수량의 증가량이 점점 작아져 마침내 시비량이 증가해도 수량은 증가하지 못하는 상태에 도달한다.

• 작물종류와 시비

종류	시비(질소 : 인산 : 칼륨)
벼	5 : 2 : 4
맥류	5 : 2 : 3
옥수수	4 : 2 : 3
고구마	4 : 1.5 : 5
감자	3 : 1 : 4

• 시비량의 계산

$$시비량 = \frac{흡수량 - 천연공급량}{흡수율}$$

② 엽면시비(葉面施肥)
- 작물은 뿌리뿐만 아니라 잎에서도 비료성분을 흡수할 수 있으므로 필요한 때에는 비료를 용액의 상태로 잎에 뿌려주기도 한다.
- 엽면시비에 이용되는 무기염류는 철(Fe), 아연(Zn), 망간(Mn), 칼슘(Ca), 마그네슘(Mg) 등 각종 미량원소와 질소질비료 중 요소가 포함된다.
- 잎의 표면 또는 이면에 살포된 요소액이 표피를 투과하여 세포 내부에 들어가 일부는 이곳에 머물러 동화되고 다른 일부분은 더욱 내부 세포나 엽맥 속에 들어가 이동, 엽면흡수가 뿌리로부터의 흡수와 다른 점은 요소가 분해되지 않고 그대로 잎에서 흡수되는 것이다.
- 엽면시비의 효과적 이용 : 급속한 영양회복, 뿌리의 흡수력 저하 시 시비효과 상승, 토양시비 제한 시 효과적이다.

② 보식과 솎기
- ㉠ 보식(補植) : 발아가 불량한 곳이나 이식 후 말라죽은 곳에서 보충적으로 이식하는 것
- ㉡ 솎기(thinning) : 발아 후 밀생한 곳에서 개체를 제거해서 앞으로 키워나갈 개체에 공간을 넓혀 주는 일
- ㉢ 솎기의 효과
  - 생육간격을 넓혀 주고 각 개체간의 점유 영역을 고르게 하여 생육을 균일하게 한다.
  - 솎기를 할 전제로 파종량을 늘리면 발아가 불량하여도 빈 곳이 생기는 일이 없게 된다.
  - 파종량을 늘리고 후에 솎기를 함으로써 유전적으로 불량한 개체를 제거해내고 우량한 개체만을 남길 수 있다.

③ 중경
- ㉠ 파종 또는 이식 후 작물 생육 기간에 작물 사이의 토양을 호미나 중경기로 표토를 긁어 부드럽게 하는 토양관리 작업으로서 잡초의 방제, 토양의 이화학적 성질의 개선, 작물 자체에 대한 기계적인 영향 등을 통하여 작물 생육을 조장시킬 목적으로 실시된다.
- ㉡ 김매기는 중경과 제초를 겸한 작업이며 기계화 농업에서 중경기로 실시하는 중경도 제초를 겸하고 있다.
- ㉢ 중경의 이로운 점과 해로운 점

이로운 점	해로운 점
• 발아 조장 • 토양통기 조장 • 토양수분의 증발 억제 • 비효 증진 • 잡초 방제	• 단근(斷根) 피해 • 토양침식의 조장 • 동상해의 조장

④ 멀칭(mulching)
  ㉠ 포장토양의 표면을 여러 가지 재료로 피복하는 것을 멀칭이라고 한다.
  ㉡ 피복재료에는 비닐, 플라스틱 필름, 짚, 건초 등이 있다.
    • 투명플라스틱 : 지온상승·건조 방지, 비료·토양유실 방지, 시설재배 시 공기 중 습도 상승 방지, 토양수분 유지, 근계발달 촉진과 조기수확 및 증수
    • 흑색필름 : 지온상승 효과는 떨어지나 잡초 발생을 억제
  ㉢ 작물이 멀칭한 필름 속에서 상당한 생육을 하였을 때는 흑색과 녹색필름은 작물생육에 유해하고 투명필름이 안전하다.
⑤ 개화 및 결실
  ㉠ 적화 및 적과
    • 적화(摘花) : 개화수가 너무 많은 때에 꽃망울이나 꽃을 솎아서 따주는 것으로, 과수에 있어서 조기에 적화하게 되면 과실의 발육이 좋고 비료도 낭비되지 않는다. 근래에는 식물호르몬으로 그 목적을 달성하고 있다.
    • 적과(摘果) : 착과수가 너무 많을 때 여분의 것을 어릴 때에 솎아 따주는 것으로, 적과를 하면 경엽의 발육이 양호해지고 남은 과실의 비대도 균일하여 품질이 좋은 과실이 생산된다.
  ㉡ 착과제의 처리
    • 착과제의 처리 목적은 수분 및 수정이 불확실할 때 단위결과를 유지시키는 것이다.
    • 대부분의 과실은 수정의 결과 이루어지는 종자의 형성과 더불어 발육하지만 때로는 수정이 되지 않고도 자방(子房)이 발육하여 과실을 형성하는 단위결과가 발생하기도 한다.
    • 씨가 없는 과실은 상품가치를 높일 수 있으며, 포도·수박 등에서는 단위결과를 유도하여 씨 없는 과실을 생산하고 있다.
      예 포도에서 지베렐린 처리, 수박에서는 콜히친을 이용하여 3배체를 생산한다.
    • 토마토의 재배에는 착과제 토마토톤의 처리가 실용화되어 있으나 속이 비어 있는 공동과(空胴果)의 발생이 증가하는 폐단이 있다.
  ㉢ 정지
    • 주간형(원추형) : 수형을 원추 모양으로 정지하는 것으로, 주간(원줄기)을 유지하여 결과지 생장을 적당히 유지하기가 쉽지만 높은 수고와 수관 내 광 부족이라는 단점이 있다.
    • 변칙주간형 : 주간형과 배상형의 장점을 취할 목적으로, 초기에는 주간형으로 재배하다가 이후 주간의 선단을 잘라 주지가 바깥쪽으로 벌어지도록 하는 수형이다.
    • 배상형 : 주간을 일찍 잘라 짧은 원줄기에 3~4개의 주지를 발생시켜 수형이 술잔 모양이 되도록 정지하는 것으로, 수고가 낮아 관리가 편하고 수관 내 통풍과 통광이 좋지만, 과실의 무게로 주지의 부담이 커서 가지가 늘어지기 쉬워 결과수가 줄어들고 기계작업이 곤란하며 쉽게 찢어지는 단점이 있다.

- 개심자연형 : 배상형의 단점을 개선하기 위해 짧은 원줄기에 2~4개의 원가지를 배치하되 원가지와 다른 원가지 사이에 15cm 정도의 간격을 두어 바퀴살가지가 되는 것을 피하고 결과 부위를 입체적으로 구성하는 수형이다.

⑥ 관개
  ㉠ 지표관개
    - 일류관개 : 등고선을 따라 수로를 내고, 임의의 장소로부터 월류(넘쳐서 흐름)하도록 하는 방법
    - 보더관개(월류관개) : 완경사의 포장을 알맞게 구획하고, 상단의 수로로부터 포장 전면에 물을 대는 방법
    - 수반법 : 포장을 수평으로 구획하고 관개하는 방법
    - 고랑관개 : 이랑을 세우고 고랑에 물을 흘려서 대는 방법
  ㉡ 살수관개
    - 다공관관개 : 파이프에 작은 구멍을 내어 살수하는 방법
    - 스프링클러관개 : 스프링클러를 이용하여 살수하는 방법
    - 물방울관개 : 가는 구멍이 뚫린 관을 땅속에 약간 묻거나 땅 위로 늘여서 작물 포기마다 물방울 형태로 물을 주는 방법
  ㉢ 지하관개
    - 개거법 : 개방된 토수로에 투수한 물이 토양공극의 모세관현상에 의해 근권에 공급되게 하는 방법
    - 암거법 : 지하에 토관, 목관, 콘크리트관 등을 배치하여 통수하고, 간극으로부터 스며오르게 하는 방법
    ※ 점적관개 : 지하에 일정 간격으로 구멍이 나 있는 플라스틱파이프나 튜브를 배치하여 소량씩 물을 주는 방법
    - 압입법 : 뿌리가 깊은 과수 주변에 구멍을 뚫고 물을 주입하거나 기계적으로 압입하는 방법

3 재해관리하기

(1) 기온재해
① 열해(고온장해)의 기구
  ㉠ 여름 한낮에는 방열보다 흡열과 생활작용(생육, 광합성)에 의한 발열이 많아 기온보다 10℃ 이상이나 높아지고 밤에는 그늘흡열보다 방열이 많아 기온보다 낮다.

ⓒ 열해의 생리
- 유기물의 과잉소모 : 광합성이 감퇴하고, 호흡이 증대된다.
- 질소대사의 이상 : 단백질 합성이 저해되고 암모니아의 축적이 많아진다.
- 철분의 침전 : 황백화 현상이 일어난다.
- 증산 과다로 위조

ⓒ 열해의 대책
- 내열성 작물의 선택
- 피복을 통한 지온 상승 억제
- 관개
- 재배시기의 조절
- 밀식재배 회피
- 질소질 비료의 과용 금지
- 경화(hardening)

② 냉해(저온장해)

㉠ 작물의 조직 내에 결빙이 생기지 않는 범위의 저온에서 일어나는 피해를 말한다.

㉡ 냉해의 종류 : 지연형 냉해, 장해형 냉해, 병해형 냉해

지연형 냉해	생육초기부터 출수기에 걸쳐 여러 시기에 냉온을 만나 등숙이 지연되어 후기의 냉온에 의하여 등숙 불량을 초래하는 형의 냉해이다.
장해형 냉해	생식세포의 감수분열기의 냉온으로 벼의 정상적인 생식기관이 형성되지 못하거나 화분방출, 수정 등의 장애로 불임현상을 나타내는 형의 냉해이다.
병해형 냉해	냉온하의 증산이 감퇴하여 규산(SiO_2) 흡수가 적어져 조직의 규질화가 충분치 못해 병균침입이 조장된다.

㉢ 냉해의 생리
- 양분·수분 흡수 감퇴
- 동화물질 전류 저해
- 질소동화 저해
- 암모니아 축적
- 호흡 감퇴
- 증산작용 이상
- ※ 벼의 생육과 냉해온도
  - 못자리 때 : 8~10℃ 냉해 발생
  - 생식세포 감수분열기 : 17℃ 냉해 발생

② 냉해의 대책

- 내냉성 품종을 선택한다.
- 환경을 개선한다.
- 방풍림을 설치한다.
- 재배관리를 개선한다.
  - 조기재배, 조식재배하여 출수·성숙시기를 조절 : 보온육모 및 생육기를 조절하여 냉해기를 피한다.
  - 인산, 칼륨, 규산, 마그네슘을 충분히 보급한다.
  - 담수하여 보온효과를 높인다.
- 수온 상승 방법
  - 증발억제제를 살포한다.
  - 물을 가두었다가 수온이 상승하면 논에 공급한다.

(2) 습해

① 토양의 과습상태에 의한 작물 피해를 말한다.

② 습해의 발생 기구

  ③ 호흡작용 저해 : 토양산소 부족, 토양환원상태에 따른 환원성 유해물질이 생성된다.

    ※ 환원성 유해물질 : H_2S, CH_4, N_2, CO_2

  ⓒ 흡수작용 저해 : 호흡에 의한 에너지 방출이 저해된다.

  ⓒ 증산, 광합성이 저하된다.

③ 습해의 대책

  ③ 배수를 한다.

  ⓒ 이랑을 높게 재배한다.

  ⓒ 내습성 작물을 선택한다.

  ② 토양개량 : 유기물(퇴구비)을 시용하고, 입단을 조성한다.

  ⓜ 과산화석회 시용한다.

  ⓑ 미숙유기물, 황산근 비료의 시용을 금한다.

④ 작물의 내습성

  ③ 작물의 내습성 정도 : 미나리, 벼 > 옥수수 > 토란, 고구마 > 보리, 밀 > 고추 > 메밀 > 파, 양파

  ⓒ 채소의 내습성 정도 : 양배추, 토마토, 오이 > 시금치, 무 > 당근, 꽃양배추, 멜론

  ⓒ 과수의 내습성 정도 : 올리브 > 포도 > 밀감 > 감, 배 > 밤, 복숭아, 무화과

(3) 동해(凍害)

① 한해 : 월동 중 추위에 의해서 작물이 받는 피해를 말한다.

  ㉠ 동해 : 온도가 지나치게 내려가 작물의 조직 내에 결빙이 생겨서 받는 피해 말한다.

  ㉡ 건조해 : 월동 중 토양은 상당한 깊이로 동결하는데, 토양 표면은 따뜻한 낮에는 녹아서 수분이 증발해 건조하기 쉽다. → 천근성 월동작물이 건조해를 받기 쉽다.

  ㉢ 습해 : 저습지의 경우는 습해가 발생하며, 호흡과 수분흡수, 양분흡수, 광합성이 저해된다.

② 작물의 동사

  ㉠ 동사기구

   • 세포간극에 먼저 결빙이 생기는 것을 세포 외 결빙이라 한다.

   • 내동성이 강한 작물은 수분이 세포간극으로 이동하고 탈수되면서 세포 외 결빙이 커지고 세포 내 결빙은 생기지 않는다.

   • 급격한 동결과 급격한 융해는 동사가 심해진다.

  ㉡ 밀, 보리, 시금치의 동사온도 : −17℃

③ 동해의 대책

  ㉠ 내동성 작물의 선택

  ㉡ 환경조건의 개선 : 방풍림, 객토, 배수

  ㉢ 재배적 대책

   • 보온재료를 이용한 보온재배

   • 고휴재배(높은 이랑재배)

   • 파종량을 늘려 동상에 의한 결주 보상 : 인산・칼륨질 비료 시용으로 체내 당 함량 증대, 답압, 피복

  ㉣ 응급대책

   • 관개법 : 저녁에 관개하면 물이 가진 열이 토양에 보급되고 낮에 더워진 지중열을 빨아올려 수증기가 지열의 발산을 막아서 동상해를 방지한다.

   • 송풍법 : 동상해가 발생하는 밤에 지면 부근에서는 온도역전현상으로 지면에 가까울수록 온도가 낮으므로 송풍기 등으로 기온역전층을 파괴하면서 작물 부근의 온도를 높여 상해를 방지한다.

   • 피복법 : 이엉, 거적, 비닐, 폴리에틸렌 등으로 작물체를 직접 피복하면 작물체로부터 방열을 방지하고 기온과 작물체온의 교차를 없앤다.

   • 발연법 : 불을 피우고 연기를 발산해 방열을 방지함으로써 서리의 피해를 방지하는 방법으로 약 2℃ 정도의 온도가 상승한다.

   • 연소법 : 낡은 타이어, 뽕나무 생가지, 중유 등을 태워서 그 열을 작물에 보내는 적극적인 방법으로 −3~−4℃ 정도의 동상해를 막을 수 있다.

- 살수결빙법 : 물이 얼 때 1g 당 약 80cal의 잠열이 발생되는 점을 이용해 스프링클러 등의 시설로써 작물체의 표면에 물을 뿌려 주는 방법으로 −7~−8℃ 정도의 동상해를 막을 수 있다. 저온이 지속되는 동안 지속적인 살수가 필요하다.

④ 내동성 작물의 생리적 요인

    ㉠ 원형질의 수분투과성이 큰 것은 세포 내 결빙을 적게 한다.

    ㉡ 원형질 단백질에 −SH기가 많은 것은 −SS기가 많은 것보다 기계적 인력을 받을 때 미끄러지기 쉬워 원형질의 파괴가 적다.

    ㉢ 원형질의 점도가 낮고 연도가 높은 것이 기계적 인력을 덜 받는다.

    ㉣ 원형질의 친수성 콜로이드(교질함량)가 많으면 세포 내의 결합수가 많아진다.

    ㉤ 지유함량이 높고 당분함량이 높은 것이다.

    ㉥ 전분함량이 많으면 내동성은 저해된다.

    ㉦ 세포 내 수분(자유수)함량이 많으면 내동성이 저하된다.

    ㉧ 경화(hardening) : 월동작물이 5℃ 이하의 기온에 계속 처하게 되면 내동성이 증대된다.

(4) 풍해

① 연풍(4~6km/hr) 이상에서 발생한다.

② 피해 내용

    ㉠ 호흡이 증대된다(상처).

    ㉡ 식물체 건조로 인해 잎이 하얗게 되는 백수현상이 발생한다.

    ㉢ 기공이 닫혀 광합성이 감퇴한다.

    ㉣ 수발아, 부패립, 도복, 불임립, 목도열병, 백수, 냉해, 토양침식

③ 방풍림의 방풍효과 범위 : 방풍림 높이의 10~15배

(5) 상해(霜害)

① 서리(주로 늦서리)로 인하여 −2~0℃ 정도에서 작물이 동사하는 피해를 상해라 하고 서릿발에 의한 피해를 상주해라 한다.

② 상주해의 대책

    ㉠ 퇴비를 사용하고 객토, 배수를 개선한다.

    ㉡ 토양을 진압한다.

    ㉢ 넓은 줄뿌림을 하여 뿌림골의 수분함량을 적게 한다.

(6) 기타 재해

① 목초의 하고현상

    ㉠ 북방형 목초의 경우 내한성이 강하여 잘 월동하지만 여름철에 생장이 쇠퇴·정지하여 목초 생산량이 감소하는 현상이다. 심하면 황화·고사한다.

    ㉡ 하고의 원인
- 북방형 목초와 같은 생육온도가 낮은 목초가 고온환경에 놓일 때 발생한다.
- 북방형 목초는 6℃에서 생육을 개시하여 12℃까지는 완만한 생육을 유지한다.
- 18℃가 적온, 24℃ 이상이면 생육이 정지된다.
- 건조 : 북방형 목초는 대체로 요수량이 크다.
- 장일 : 북방형 목초는 월동목초로서 대부분 장일식물이며 초여름의 장일조건에 의해 과다 생장한다.
- 병충해
- 잡초

    ㉢ 하고의 대책
- 방목, 채초의 조절
- 관개
- 고랭지에서는 티머시, 평지에서는 오처드그라스를 선택한다.
- 혼파

② 대기오염 피해

    ㉠ 아황산가스 : 잎의 하얀 반점 등 변색(가시적), 광합성, 호흡작용 저해(불가시적)

    ㉡ 황산미스트 : 갈색 반점

    ㉢ PAN : 잎 뒷면 금속광택

    ㉣ 광학스모그 : 낙엽현상

CHAPTER 04 식물보호 관련 법규

1 농약관리법

(1) 목적(법 제1조)

이 법은 농약의 제조·수입·판매 및 사용에 관한 사항을 규정함으로써 농약의 품질향상, 유통질서의 확립 및 농약의 안전한 사용을 도모하고 농업생산과 생활환경 보전에 이바지함을 목적으로 한다.

(2) 정의(법 제2조)

① '농약'이란 다음에 해당하는 것을 말한다.

    ㉠ 농작물[수목(樹木), 농산물과 임산물을 포함]을 해치는 균(菌), 곤충, 응애, 선충(線蟲), 바이러스, 잡초, 그 밖에 농림축산식품부령으로 정하는 동식물(이하 '병해충')을 방제(防除)하는 데에 사용하는 살균제·살충제·제초제

    ㉡ 농작물의 생리기능(生理機能)을 증진하거나 억제하는 데에 사용하는 약제

    ㉢ 그 밖에 농림축산식품부령으로 정하는 약제

> **참고** 동식물 및 약제의 범위(농약관리법 시행규칙 제2조)
> ① 법에서 '농림축산식품부령으로 정하는 동식물'이란 다음의 동식물을 말한다.
>   ㉠ 동물 : 달팽이·조류 또는 야생동물
>   ㉡ 식물 : 이끼류 또는 잡목
> ② 법에서 '농림축산식품부령으로 정하는 약제'란 다음의 약제를 말한다.
>   ㉠ 기피제
>   ㉡ 유인제
>   ㉢ 전착제

② '천연식물보호제'란 다음의 어느 하나에 해당하는 농약으로서 농촌진흥청장이 정하여 고시하는 기준에 적합한 것을 말한다.

    ㉠ 진균, 세균, 바이러스 또는 원생동물 등 살아있는 미생물을 유효성분(有效成分)으로 하여 제조한 농약

    ㉡ 자연계에서 생성된 유기화합물 또는 무기화합물을 유효성분으로 하여 제조한 농약

③ '품목'이란 개별 유효성분의 비율과 제제(製劑) 형태가 같은 농약의 종류를 말한다.

④ '원제(原劑)'란 농약의 유효성분이 농축되어 있는 물질을 말한다.

⑤ '농약활용기자재'란 다음의 어느 하나에 해당하는 것으로서 농촌진흥청장이 지정하는 것을 말한다.

　㉠ 농약을 원료나 재료로 하여 농작물 병해충의 방제 및 농산물의 품질관리에 이용하는 자재

　㉡ 살균·살충·제초·생장조절 효과를 나타내는 물질이 발생하는 기구 또는 장치

⑥ '제조업'이란 국내에서 농약 또는 농약활용기자재(이하 '농약 등')를 제조(가공을 포함)하여 판매하는 업(業)을 말한다.

⑦ '원제업(原劑業)'이란 국내에서 원제를 생산하여 판매하는 업을 말한다.

⑧ '수입업'이란 농약등 또는 원제를 수입하여 판매하는 업을 말한다.

⑨ '판매업'이란 제조업 및 수입업 외의 농약등을 판매하는 업을 말한다.

⑩ '방제업(防除業)'이란 농약을 사용하여 병해충을 방제하거나 농작물의 생리기능을 증진하거나 억제하는 업을 말한다.

(3) 원제 및 우수 농약등의 개발·보급 등(법 제2조의2)

농림축산식품부장관은 원제 및 우수한 품질의 농약 등을 개발·보급하고 농약 등의 안전한 사용을 촉진하는 데에 필요한 시책을 수립·시행하여야 한다.

2 식물방역법

(1) 목적(법 제1조)

이 법은 수출입 식물 등과 국내 식물을 검역하고 식물에 해를 끼치는 병해충을 방제(防除)하기 위하여 필요한 사항을 규정함으로써 농림업 생산의 안전과 증진에 이바지하고 자연환경을 보호하는 것을 목적으로 한다.

(2) 정의(법 제2조)

① '식물'이란 다음의 어느 하나에 해당하는 것으로서 ②의 병해충을 제외한 것을 말한다.

　㉠ 종자식물(種子植物)·양치식물(羊齒植物)·이끼식물·버섯류

　㉡ 가목에 규정된 것의 씨앗·과실 및 가공품(병해충이 잠복할 수 없도록 가공한 것으로서 농림축산식품부령으로 정하는 것은 제외한다)

② '병해충'이란 다음의 것을 말한다.

　㉠ 진균(眞菌)·점균(粘菌)·세균(細菌)·바이러스 등의 미생물로서 식물에 해를 끼치는 것

　㉡ 곤충, 응애, 선충(線蟲), 달팽이와 그 밖의 무척추동물로서 식물에 해를 끼치는 것

　㉢ 잡초(그 씨앗을 포함)로서 농림축산식품부장관이 정하여 고시하는 것

③ '식물검역대상물품'이란 식물과 그 식물을 넣거나 싸는 용기·포장, 병해충 및 농림축산식품
부령으로 정하는 흙(이하 '흙')을 말한다.

④ '규제병해충'이란 소독·폐기 등의 조치를 취하지 아니할 경우 식물에 해를 끼치는 정도가
크다고 인정되는 것으로서 검역병해충 및 규제비검역병해충을 말한다.

⑤ '검역병해충'이란 잠재적으로 큰 경제적 피해를 줄 우려가 있는 다음의 병해충으로서 농림축산
식품부령으로 정하는 것을 말한다.
ㄱ 국내에 분포되어 있지 아니한 병해충
ㄴ 국내의 일부 지역에 분포되어 있지만 발생예찰(發生豫察) 등 조치를 취하고 있는 병해충

⑥ '규제비검역병해충'이란 검역병해충이 아닌 병해충 중에서 재식용(栽植用) 식물에 대하여 경
제적으로 수용할 수 없는 정도의 해를 끼쳐 국내에서 규제되는 병해충으로서 농림축산식품부
령으로 정하는 것을 말한다.

⑦ '잠정규제병해충'이란 수입검역 과정에서 처음 발견되었거나 제6조에 따른 병해충위험분석을
실시 중인 병해충으로서 규제병해충에 준하여 잠정적으로 소독·폐기 등의 조치를 취하는
병해충을 말한다.

⑧ '병해충 전염우려물품'이란 식물검역대상물품이 아닌 물품 중 제6조에 따른 병해충위험분석
결과 검역하지 아니하고 수입할 경우 병해충이 해당 물품에 섞여 들어와 국내 식물에 피해를
입힐 우려가 있다고 인정되는 것으로서 목재가구·폐지 등 농림축산식품부령으로 정하는 물
품을 말한다.

⑨ '분포조사'란 병해충이 발생하였거나 발생할 우려가 있다고 인정되는 경우에 그 병해충의
예방과 확산방지 등을 위하여 수행하는 다음의 조사활동을 말한다.
ㄱ 병해충의 분포지역에 대한 조사활동
ㄴ 병해충의 발생밀도 및 피해 정도에 대한 조사활동

⑩ '역학조사'란 병해충이 발생하였거나 발생할 우려가 있다고 인정되는 경우에 그 병해충의
예방 및 확산방지 등을 위하여 수행하는 다음의 활동을 말한다.
ㄱ 병해충의 감염원 추적을 위한 활동
ㄴ 병해충의 유입경로 규명을 위한 활동

(3) 국가 및 지방자치단체의 책무 등(법 제3조)

① 국가 및 지방자치단체는 병해충의 유입·확산을 방지하기 위하여 검역·예찰·방제 등 필요
한 조치를 하여야 한다.

② 식물의 소유자나 관리자는 제1항에 따른 조치에 적극 협조하여야 한다.

(4) 국가식물병해충통합정보시스템의 구축·운영(법 제3조의2)

① 농림축산식품부장관은 병해충을 예방하고 방제 상황을 효율적으로 관리하기 위하여 전자정보시스템(이하 '국가식물병해충통합정보시스템')을 구축하여 운영할 수 있다.

② 농림축산식품부장관은 병해충의 확산을 방지하기 위하여 필요하다고 인정하면 특별시장·광역시장·특별자치시장·도지사·특별자치도지사, 시장·군수 또는 자치구의 구청장(이하 '지방자치단체장')에게 농림축산식품부령으로 정하는 바에 따라 병해충 발생 현황, 방제 상황 등에 대하여 국가식물병해충통합정보시스템에 입력할 것을 요청할 수 있다. 이 경우 입력을 요청받은 지방자치단체장은 특별한 사유가 없으면 이에 따라야 한다.

③ 그 밖에 국가식물병해충통합정보시스템의 구축·운영 등에 필요한 사항은 농림축산식품부령으로 정한다.

PART 01 적중예상문제

01 부족할 경우 무와 배추에 속썩음병을 발생시키는 양분을 [보기]에서 골라 쓰시오.

┌─보기┐
| 질소(N)　　　　인(P)　　　　칼륨(K)　　　　칼슘(Ca)　　　　붕소(B) |

정답

붕소

해설

붕소 결핍은 무·배추 속썩음병, 사과 축과병, 갈색 속썩음병, 담배 윗마름병을 유발한다.

02 다음 ( )에 들어갈 알맞은 말을 쓰시오.

> 감자 (①)병은 그람염색법에 의한 동정 시 (②)으로 염색되는 그람(③)이다.

정답

① 둘레썩음병, ② 보라색, ③ 양성

해설

그람염색법에 의한 분류
• 보라색으로 염색되는 그람양성균 : 감자 둘레썩음병, 토마토 궤양병
• 분홍색으로 염색되는 그람음성균 : 대부분의 세균

03 [보기]의 식물 병원체를 크기가 큰 것부터 순서대로 나열하시오.

┌─보기┐
| 세균　　　　곰팡이　　　　바이러스 |

정답

곰팡이 > 세균 > 바이러스

해설

병원체의 크기 : 진균(곰팡이) > 세균 > 바이러스 > 바이로이드

04 다음 (   )에 들어갈 알맞은 말을 쓰시오.

> 오이 노균병균은 (①)류에 속하며 (②)포자를 형성한다.

정답

① 조균, ② 유주

해설

노균병균은 역병균과 같은 조균류에 해당되며 유주자를 형성한다.

05 1) 병징(symptom)과 2) 표징(sign)의 정의를 쓰시오.

정답

1) 병징 : 식물체가 어떤 원인에 의하여 그 식물체의 세포, 조직, 기관에 이상이 생겨 외부형태에 변화가 나타나는 반응이다.
2) 표징 : 곰팡이, 균핵, 점질물, 이상 돌출물 등 병원체가 병든 식물의 표면에 나타나서 눈으로 구별이 가능한 상태를 말한다.

06 다음은 병징에 대한 설명이다. (   )에 들어갈 알맞은 말을 쓰시오.

> • (①)병징 : 점무늬병, 혹병 등과 같이 병징이 식물체의 일부 기관에 국한되어 나타난다.
> • (②)병징 : 시들음병, 바이러스병, 오갈병, 황화병과 같이 병징이 식물체 전체에 나타난다.

정답

① 국부, ② 전신

07 다음 (   )에 들어갈 알맞은 말을 쓰시오.

> 발생 시 소나무를 고사시키는 (①)충은 (②)에 의해 매개된다.

정답

① 소나무재선, ② 솔수염하늘소

08 다음 (   )에 들어갈 알맞은 말을 골라 순서대로 쓰시오.

> 배추·무 사마귀병은 pH가 (높은 / 낮은) 조건에서 발생율이 높아 재배 전 Ca를 사용해 토양 pH를 (높인다 / 낮춘다).

정답

낮은, 높인다

해설

배추·무사마귀병은 산성토양에서 발생율이 높아 재배 전 석회를 사용해 pH를 높여 주면 발생율이 감소한다.

09 다음에서 설명하는 해충을 쓰시오.

- 발생 시 소나무가 고사한다.
- 소나무, 해송, 잣나무, 섬잣나무 등에 피해가 발생한다.
- 매개충은 솔수염하늘소, 북방수염하늘소이다.

정답

소나무재선충

해설

소나무재선충은 솔수염하늘소에 의해 매개된다.

10 다음에서 설명하는 식물병명을 쓰시오.

 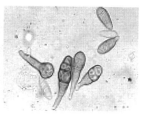

- 곰팡이균(*Alternaria mali*)에 의해 감염되며, 주로 사과나무의 잎, 과실, 가지에 발생한다.
- 과실에는 적갈색의 작은 반점이 형성, 점차 진전되면서 중앙부는 회백색으로 변하고, 주위는 적갈색의 테무늬를 형성한다.

정답

점무늬낙엽병

11 다음에서 설명하는 식물병명을 쓰시오.

- 원인균은 *Erwinia amylovora*로, 주로 매개충에 의해 전염된다.
- 병든 가지의 수피는 흑갈색으로 변하면서 물러졌다가 후에 위축되고 단단해지면서 잔가지의 끝부분은 구부러진다.

정답

과수화상병

12 다음에서 설명하는 식물병명을 쓰시오.

- 학명은 *Fusarium oxysporum* Schlecht. Fr.이다.
- 초기에는 아랫잎이 시들며 밑으로 처지는데, 역병의 초기 증상과 비슷하지만 병의 진전이 느리고, 잎이 약간 누렇게 변하면서 서서히 죽는다.

정답

고추 시들음병

13 다음에서 설명하는 해충을 쓰시오.

- 암컷 성충은 몸길이가 0.4~0.5mm이다.
- 여름형은 담황록색 바탕에 몸통 좌우에 뚜렷한 검은 점이 있으나, 월동형은 귤색이며 등에 검은 점이 없다.

정답

점박이응애

14 다음에서 설명하는 해충을 쓰시오.

 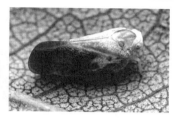

- 학명은 *Metcalfa pruinosa*이다.
- 약충과 성충은 산양삼의 줄기와 잎 뒷면 그리고 열매를 흡즙하여 피해를 준다.
- 배설물로 인해 그을음병의 발병이 유도되어 광합성을 저해한다.

정답

미국선녀벌레

15 다음에서 설명하는 해충을 쓰시오.

- 학명은 *Ricania speculum*이다.
- 약충기간 동안 농작물이나 과일나무 등의 수액을 빨아 먹으므로 식물의 생장에 지장을 초래한다.
- 약충의 분비물이 과일이나 잎, 가지 등에 남아 그을음병을 일으키는 등 과일의 상품성을 떨어트린다.

정답

갈색날개매미충

16 다음에서 설명하는 해충을 쓰시오.

- 학명은 *Nilaparvata lugens*이다.
- 성충과 약충이 벼 줄기의 하부에 붙어 볏대를 흡즙하므로 겉에서 발견하기 어렵다.
- 8월부터 밀도가 높아지면 출수 전후에 피해가 하엽부터 황색으로 되다가 집중적으로 가해한 부위가 약해져서 벼 포기 중간이 부러지며 고사한다.

정답

벼멸구

해설

2024년 8월 이후 피해면적이 증가해 문제가 된 해충

17 다음에서 설명하는 해충을 쓰시오.

- 학명은 *Helicoverpa assulta*이다.
- 과일표면을 유충이 섭식하여 피해를 주며 피해과는 상품성이 없어 경제적 손실이 많다.

정답

담배나방

18 다음에서 설명하는 해충을 쓰시오.

- 학명은 *Trialeurodes vaporariorum*이다.
- 작물의 피해는 유충과 성충이 잎에서 즙액을 빨아 먹어 직접적인 피해를 주고 배설물를 분비해 그을음 병 피해를 유발한다.
- 토마토 황화잎말림바이러스(TYLCV)를 매개한다.

정답

온실가루이

19 다음에서 설명하는 해충을 쓰시오.

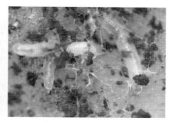

- 학명은 *Bradysia agrestis*이다.
- 유충은 곰팡이와 썩은 유기물뿐만 아니라 작물의 뿌리를 가해한다.
- 뿌리의 발달이 불량해지고, 수분이나 영양의 이동을 방해하여 생장이 늦어지는 피해가 발생한다.
- 직접적인 피해보다는 뿌리나 지제부에 상처를 내 병원균의 침투가 용이해져 병 발생을 유발하는 간접적인 피해가 크다.

정답

작은뿌리파리

20 다음에서 설명하는 해충을 쓰시오.

- 학명은 *Aculops lycopersici*이다.
- 암컷의 모양은 앞부분이 넓고 뒤로 갈수록 가늘어지는 원뿔모양으로 크림색이며, 길이는 약 134.9μm, 폭은 45μm 정도이다.

정답

토마토녹응애

21 다음에서 설명하는 해충을 쓰시오.

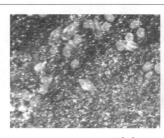 

- 학명은 *Polyphagotarsonemus latus*이다.
- 생장점 부근 전개 직후의 어린잎과 어린 과일을 선호하여 가해한다.
- 초기에는 생장점 부위의 어린잎에 주름이 생기고 잎의 가장자리가 안쪽으로 오그라들며, 기형이 된다.

정답

차먼지응애

22 다음에서 설명하는 해충을 쓰시오.

- 학명은 *Myzus persicae*이다.
- 어린잎과 신초의 즙액을 빨아먹으며 기생한다.
- 잎이나 꽃이 기형이 되며, 생육이 불량해지기는 하나 그 정도가 미미하다.
- 배설물에 의한 그을음으로 피해를 준다.

정답

복숭아혹진딧물

23 다음에서 설명하는 해충을 쓰시오.

 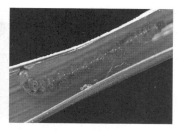

- 학명은 *Cnaphalocrocis medinalis*이다.
- 유충이 벼 잎을 좌우로 길게 원통형으로 말고 그 속에서 잎을 갉아 먹는다.
- 처음에는 피해를 받은 잎 하나에 유충 여러 마리가 든 채 섭식하나, 차차 분산하여 한 마리가 한 개의 잎을 가해한다.

정답

혹명나방

24 다음에서 설명하는 해충을 쓰시오.

- 학명은 *Hyphantria cunea*이다.
- 유충 한 마리가 먹는 잎의 양은 100~150cm^{2}에 달한다.
- 3령 유충까지는 실을 토해 잎을 철하고 집단생활을 하고, 4령 이후에는 분산하여 가해한다.
- 가로수나 정원수에서 쉽게 피해가 눈에 띄고 경관을 심하게 훼손한다.

정답

미국흰불나방

25 다음에서 설명하는 해충을 쓰시오.

- 학명은 *Delia antiqua*이다.
- 유충은 마늘, 양파, 파 부추와 백합과 화훼류의 뿌리가 난 부분에서부터 파먹어 들어가 지하부의 비늘줄기를 가해하여, 아래 잎부터 노랗게 되어 말라 죽는다.

정답

고자리파리

26 다음에서 설명하는 해충을 쓰시오.

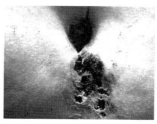

- 학명은 *Grapholita molesta*이다.
- 4~5월 유충이 신초에 식입하여 피해받은 선단부가 말라 죽음
- 어린 과실은 꽃받침 부분으로 들어가 과심부를 먹고, 큰 과실은 과경 부근으로 침입하여 과육을 먹으며, 과실 겉으로 똥을 배출한다.

정답

복숭아순나방

27 다음에서 설명하는 해충을 쓰시오.

- 학명은 *Halyomorpha halys*이다.
- 성숙 과실을 직접 흡즙 함으로써 현저한 품질 저하를 가져온다.
- 과실에 상처를 내 즙액이 유출되어 부패하거나 과실 내부에 세균이 증식하여 부패시켜 피해를 준다.

정답

썩덩나무노린재

28 다음에서 설명하는 해충을 쓰시오.

- 학명은 *Dolycoris baccarum*이다.
- 경작지 주변에 살면서 약충 및 성충이 다양한 식물의 즙액을 빨아 먹는다.
- 십자화과, 콩과, 벼과 식물 등 11과 36종이 된다.
- 콩, 팥, 녹두 등 콩과작물, 벼, 보리, 옥수수 등 벼과 작물의 꽃이나 덜 여문 종자의 즙액을 빨아 먹어 쭉정이가 되거나 종자에 흠집을 남긴다.

정답

알락수염노린재

29 다음에서 설명하는 해충을 쓰시오.

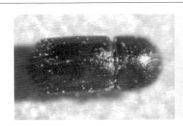

- 학명은 *Xyleborus apicalis*이다.
- 유충과 성충이 모두 사과나무, 포도나무, 밤나무 등 수간의 목질부에 구멍을 뚫고 가해한다.
- 암컷 성충이 큰 나무의 줄기나 어린나무의 주간부에 직경 1~2mm의 구멍을 뚫고 들어간다.

정답

사과둥근나무좀

30 다음에서 설명하는 해충을 쓰시오.

- 학명은 *Pine needle* Gall Midge이다.
- 유충이 솔잎 기부에 벌레혹을 형성하고 그 속에서 수액을 흡즙·가해하여 솔잎을 일찍 고사하게 하여 임목의 생장을 저해한다.

정답

솔잎혹파리

31 다음 중 카두사포스가 속하는 종류를 골라 쓰시오.

살충제	살균제	제초제

정답

살충제

32 다음 중 메틸브로마이드 훈증제가 속하는 종류를 골라 쓰시오.

살충제	살균제	제초제

정답

살충제

33 다음 중 퀴노클라민 입상수화제가 속하는 종류를 골라 쓰시오.

살충제	살균제	제초제

정답
제초제

34 다음 중 사이퍼메트린 유제가 속하는 종류를 골라 쓰시오.

살충제	살균제	제초제

정답
살충제

35 다음 중 클로르피리포스가 속하는 종류를 골라 쓰시오.

살충제	살균제	제초제

정답
살충제

36 다음 중 이프로디온 수화제가 속하는 종류를 골라 쓰시오.

살충제	살균제	제초제

정답
살균제

37 물 10L당 유제 8mL의 비율로 희석하여 액량 500mL로 살포하려 할 때 필요한 농약량(mL)을 계산하시오.

정답

0.4mL

해설

10L(10,000mL) : 8mL = 500mL : 농약량
농약량 = 8 × 500/10,000 = 0.4mL

38 물 15L당 유제 12mL의 비율로 희석하여 액량 300mL로 살포하려 할 때 필요한 농약량(mL)을 계산하시오.

정답

0.24mL

해설

15L(15,000mL) : 12mL = 300mL : 농약량
농약량 = 12 × 300/15,000 = 0.24mL

39 물 25L당 유제 15mL의 비율로 희석하여 액량 500mL로 살포하려 할 때 필요한 농약량(mL)을 계산하시오.

정답

0.3mL

해설

25L(25,000mL) : 15mL = 500mL : 농약량
농약량 = 15 × 500/25,000 = 0.3mL

40 다음에서 설명하는 토양구조 유형을 쓰시오.

> 1) 수평구조의 공극을 형성하면서 작물의 수직적 뿌리 생장을 제한하는 경향이 있다.
> 2) 다면체를 이루고 비교적 각도가 둥글며, 밭토양과 산림의 하층토에 많고, 여러 토양의 B층에서 흔히 볼 수 있다.

정답

1) 판상구조
2) 괴상구조

41 다음에서 설명하는 토양수분을 쓰시오.

> 1) 토양에 잔류하는 농약이나 영양분을 지하수로 이동시키는 데 있어서 가장 큰 역할을 하는 수분
> 2) 식물에 이용되는 유효수분으로서 토양입자 사이 작은 공극 안에 표면 장력에 의하여 흡수·유지되어 있는 토양수

정답

1) 중력수
2) 모세관수

42 다음은 토양수분에 대한 설명이다. ( )에 들어갈 알맞은 말을 쓰시오.

> 토양의 전체 공극이 물로 포화되어 있는 수분을 (①)이라 하고, 수분이 포화된 상태의 토양에서 증발을 방지하면서 중력수를 완전히 배제하고 남은 수분 상태를 (②)라 한다.

정답

① 최대용수량, ② 포장용수량

해설

① 최대용수량(pF 0) : 모관수가 최대로 포함되어 토양의 전공극이 수분으로 포화상태이다.
② 포장용수량(pF 2.5~2.7) : 수분으로 포화된 토양으로부터 증발을 방지하면서 중력수를 완전히 배제하고 남은 수분상태를 말한다.

43 다음은 대기의 조성을 나타낸 것이다. (   )에 들어갈 알맞은 말을 쓰시오.

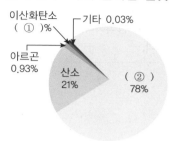

이산화탄소
(①)%

기타 0.03%

아르곤
0.93%

산소
21%

(②)
78%

① 0.04, ② 질소

지구의 대기는 질소 약 78%, 산소 약 21%, 아르곤 약 0.93%, 이산화탄소 약 0.04%이다. 이산화탄소는 지구온난화로 기존 0.035% 보다 높아졌다.

44 다음은 광과 작물의 생리작용에 대한 설명이다. (   )에 들어갈 알맞은 말을 골라 쓰시오.

> 1) 굴광현상에 유효한 광파장은 (청색광 / 적색광)이다.
> 2) 엽록소 형성에 가장 효과적인 광파장은 (적색광 / 자외선)이다.

1) 청색광
2) 적색광

1) 굴광현상에 유효한 광파장 : 청색광(440~480nm)
2) 엽록소 형성에 가장 효과적인 광파장 : 청색광(400~500nm)과 적색광(650~700nm)

45 1) 광보상점과 2) 광포화점의 정의를 쓰시오.

1) 광보상점 : 호흡에 의한 이산화탄소의 방출속도와 광합성에 의한 이산화탄소의 흡수속도가 같아지는 때, 즉 외견상광 합성이 0이 되는 상태의 광도이다.
2) 광포화점 : 광도를 높일수록 광합성의 속도가 증가하는데 광도를 더 높여주어도 광합성량이 더 이상 증가하지 않는 광의 강도를 말한다.

46 다음에서 설명하는 작휴법을 쓰시오.

- 이랑을 세우고 이랑에 파종하는 방식이다.
- 배수와 토양통기가 좋게 된다.

정답

휴립휴파법

해설

작휴의 종류
- 평휴법 : 이랑과 고랑의 높이를 같게 하는 방식
- 성휴법 : 이랑을 보통보다 넓고 크게 만드는 방식
- 휴립법
  - 휴립구파법 : 이랑을 세우고 낮은 골에 파종하는 방식으로 맥류의 한해(旱害)와 동해(凍害) 방지 감자의 발아촉진 및 배토를 위해 실시
  - 휴립휴파법 : 이랑을 세우고 이랑에 파종하는 방식으로 고구마는 이랑을 높게 세우고 조, 콩 등은 이랑을 비교적 낮게 세움, 이랑에 재배하면 배수와 토양통기가 좋음

47 다음에서 설명하는 관수 방법을 쓰시오.

- 개방된 토수로에 투수하여 이것이 침투해서 모관 상승을 통하여 근권에 공급되게 하는 방법이다.
- 지하수위가 낮지 않은 사질토 지대에서 이용된다.

정답

개거법

48 작물의 내동성에 관여하는 생리적 요인 3가지를 쓰시오.

정답

- 원형질의 수분투과성이 크면 세포 내 결빙을 적게 하여 내동성이 증가한다.
- 원형질 단백질에 −SH기가 많은 것은 −SS기가 많은 것보다 기계적 인력을 받을 때 미끄러지기 쉬워 원형질의 파괴가 적다.
- 원형질의 점도가 낮고 연도가 높은 것이 기계적 인력을 덜 받아 내동성이 증가한다.
- 원형질의 친수성 콜로이드(교질함량)가 많으면 세포 내의 결합수가 많아지므로 내동성이 증가한다.
- 지유함량이 많으면 내동성이 증가한다.
- 당분함량이 높으면 내동성이 증가한다.
※ 경화(hardening) : 월동작물이 5℃ 이하의 기온에 계속 처하게 되면 내동성이 증대된다.

49 다음은 벼의 냉해에 대한 설명이다. (   )에 들어갈 알맞은 말을 쓰시오.

> • (①) 냉해는 생육 초기부터 출수기에 걸쳐서 여러 시기에 냉온을 만나서 출수가 지연되고, 이에 따라 등숙이 지연되어 후기의 저온으로 인하여 등숙 불량을 초래하는 냉해이다.
> • (②) 냉해는 유수형성기부터 개화기까지, 특히 생식세포의 감수분열기에 냉온으로 불임현상이 나타나는 냉해이다.

정답

① 지연형, ② 장해형

해설

① 벼가 생식생장기에 들어서 유수형성을 할 때 냉온을 만나면 출수가 지연된다.
② 벼의 화분방출, 수정 등에 장해를 일으켜 불임현상이 나타난다.

50 다음은 고온이 오래 지속될 때 식물체에서 일어나는 현상이다. (   )에 들어갈 알맞은 말을 쓰시오.

> 고온이 지속되면 유기물의 소모가 (①)하고 당분이 감소하며, 질소대사의 이상으로 (②)가 축적되어 유해물질로 작용하게 된다.

정답

① 증가, ② 암모니아

해설

열해의 기구

• 유기물의 과잉 소모 : 고온에서는 광합성보다 호흡작용이 우세해지며, 고온이 오래 지속되면 유기물의 소모가 많아진다. 고온이 지속되면 당분이 감소한다.
• 질소대사의 이상 : 질소대사의 이상으로 단백질의 합성이 저해되어 암모니아가 축적되면 유해물질로 작용하게 된다.
• 철분의 침전 : 고온 때문에 철분이 침전되면 황백화현상(黃柏化現想)이 일어난다.
• 증산과다 : 고온에서는 수분흡수보다 증산이 과다하여 위조(萎凋)를 유발한다.

교육은 우리 자신의 무지를 점차 발견해 가는 과정이다.

– 윌 듀란트 –

PART 02

과년도 + 최근 기출복원문제

식물보호기사	2023년 과년도 기출복원문제 2024년 최근 기출복원문제
식물보호산업기사	2023년 과년도 기출복원문제 2024년 최근 기출복원문제

※ 필답형 기출복원문제는 수험자의 기억에 의해 문제를 복원하였습니다. 실제 시행문제와 일부 상이할 수 있음을
   알려드립니다.

01 광 관리에서 1) 고립상태와 2) 군락상태의 정의를 쓰시오.

정답

1) 고립상태 : 별도의 화분에 재배하거나 시험재배와 같이 줄기나 잎 전체에 광이 직접적으로 조사되는 상태로 작물이 어려 잎이 커지기 전 생육 초기 상태도 이와 유사하다.
2) 군락상태 : 재배지의 작물과 같이 잎과 줄기가 서로 엉키고 겹쳐서 많은 수의 잎이 직사광을 받지 못하고 그늘이 지는 상태를 말한다.

02 다음 중 볕뎀(sunscald)에 강한 식물을 골라 쓰시오.

오동나무	참나무	소나무	벚나무

정답

참나무, 소나무

해설

• 여름 볕뎀 : 응달진 부분의 심한 온도차에 의해 발생하고 피해증상은 변색, 수침증상, 물집, 궤양 등
• 겨울 볕뎀 : 나무껍질의 급격한 온도 변화에 의해 수축과 팽창이 반복되면서 조직이 약해져 발생하고 나무껍질이 길이 방향으로 갈라지고 색이 어둡고 진한 나무에서 더 심하게 나타남
• 볕뎀 방지 : 차광망 설치, 크라프트 종이 감싸기, 진흙을 바르거나 새끼줄로 감아줌, 밝은색 띠로 줄기 감기, 백색수성페인트
• 강한 수종 : 참나무류, 소나무류
• 약한 수종 : 버즘나무, 배롱나무, 오동나무, 벚나무

03 내습성 작물의 특징 2가지를 쓰시오.

정답

내습성 작물의 특징

• 경엽에서 뿌리로 산소를 공급하는 통기조직이 발달하여 산소를 잘 공급할 수 있다.
• 뿌리조직의 목화정도가 크며 이로인해 환원성 유해물질의 침입을 막는다.
• 뿌리가 얕게 발달하여 부정근의 발생력이 높다.
• 황화수소와 같은 환원성 유해물질에 대한 저항성이 높다.

04 관개 방법 중 1) 개거법과 2) 암거법의 정의를 쓰시오.

정답

1) 개거법 : 개방된 토수로에 투수한 물이 토양공극의 모세관현상에 의해 근권에 공급되게 하는 방법
2) 암거법 : 지하에 토관, 목관, 콘크리트관 등을 배치하여 통수하고, 간극으로부터 스며오르게 하는 방법

05 토양 통기성 증대 방법 3가지를 쓰시오.

정답

• 심경, 심토파쇄로 통기성 확보
• 유기물 사용을 통한 토양 입단화
• 배수로 설치
• 물빠짐이 좋지 않은 토양에 개량제 사용

해설

토양에서 공기로 점유되어 있는 정도를 나타내는 것으로 토양공기의 비율이 높을수록 통기성이 우수함

06 토양 노후답 개량 방법을 쓰시오.

정답

• 철분이 많이 포함된 산 흙을 이용한 객토
• 토층까지 깊이 갈이(심경)를 해서 밑으로 흘러 내려간 무기양분을 작토층으로 올려 줌
• 철성분이 들어 있는 갈철광 분말, 비철토, 퇴비철 등을 사용
• 규산질 비료 사용 : 규산석회, 규회석 등은 규산과 석회뿐만 아니라 철, 망간, 마그네슘 함유

해설

노후답 : 물빠짐이 좋아 무기양분의 용탈이 많은 토양

07 다음 pH, SAR 등 토양 관련 정보를 보고 (   )에 들어갈 알맞은 말을 쓰시오.

구분	EC(ds/m)	ESP	SAR	pH
(①)	< 4.0	< 15	< 13	< 8.5
(②)	> 4.0	< 15	< 13	< 8.5
나트륨성 토양	< 4.0	> 15	> 13	> 8.5
염류나트륨성 토양	> 4.0	> 15	> 13	< 8.5

정답

① 정상토양, ② 염류토양

해설

- 나트륨 흡착비(SAR ; Sodium Adsorption Ratio) : 토양과 평행을 이루는 토양수 중의 칼슘(Ca^{2+})과 마그네슘(Mg^{2+})에 대한 나트륨(Na^+)의 농도비를 기준하여 토양에 흡착되어 있는 나트륨의 양이온 교환용량 점유율을 추정
- SAR = $Na^+/(Ca^{2+} + Mg^{2+})1/2$

08 온도계수의 정의를 쓰시오.

정답

Q_{10} **(온도계수)** : 작물의 여러 생리작용 중 온도가 10℃ 상승하는 데 따르는 이화학적 반응이나 생리작용의 증가 배수

09 냉해에 강한 작물의 특징을 쓰시오.

정답

- 원형질의 수분투과성이 큰 것은 세포 내 결빙을 적게 한다.
- 원형질 단백질에 –SH기가 많은 것은–SS기가 많은 것보다 기계적 인력을 받을 때 미끄러지기 쉬워 원형질의 파괴가 적다.
- 원형질의 점도가 낮고 연도가 높은 것이 기계적 인력을 덜 받는다.
- 원형질의 친수성 콜로이드(교질함량)가 많으면 세포 내의 결합수가 많아진다.
- 지유함량이 높고 당분함량이 높은 것이다.
- 전분함량이 많으면 내동성은 저해된다.
- 세포 내 수분(자유수)함량이 많으면 내동성이 저하된다.
- 경화(hardening) : 월동작물이 5℃ 이하의 기온에 계속 처하게 되면 내동성이 증대된다.

10 대기오염 피해증상을 쓰시오.

정답

- 오존(O_3) : NO_2가 자외선을 받아 광산화에 의해 발생, 잎 전면에 회백색 반점·갈색 반점으로 엽록소 파괴, 동화작용억제, 산소작용 저해
- PAN : 잎의 뒷면에 광택화 피해증상

11 풍해에 대비할 수 있는 재배적 대책 5가지를 쓰시오.

정답

- 내풍성 작물 선택
- 내도복성 품종 선택
- 조기재배 등을 통한 작기 이동
- 태풍이 불 때 논물을 깊이 대 도복과 건조 경감
- 배토와 지주 및 결속
- 질소질 비료를 줄여 웃자람을 줄이고 생육을 건실하게 함
- 사과의 경우 낙과방지제를 수확 25~30일 전 처리

12 작휴의 종류 중 1) 성휴법과 2) 휴립휴파법의 정의를 쓰시오.

정답

1) 성휴법 : 이랑을 보통보다 넓고 크게 만드는 방식
2) 휴립휴파법 : 이랑을 세워서 이랑에 파종하는 방식

해설

작휴의 종류
- 평휴법 : 이랑과 고랑의 높이를 같게 하는 방식
- 성휴법 : 이랑을 보통보다 넓고 크게 만드는 방식
- 휴립법
  - 휴립구파법 : 이랑을 세우고 낮은 골에 파종하는 방식으로 맥류의 한해(旱害)와 동해(凍害) 방지 감자의 발아촉진 및 배토를 위해 실시
  - 휴립휴파법 : 이랑을 세우고 이랑에 파종하는 방식으로 고구마는 이랑을 높게 세우고 조, 콩 등은 이랑을 비교적 낮게 세움, 이랑에 재배하면 배수와 토양통기가 좋음

13 1) 병징, 2) 퇴색, 3) 이층현상, 4) 분열조직활성화의 정의를 쓰시오.

[정답]

1) 병징(symptom) : 미량원소의 결핍, 공해, 병원균의 작용 등에 의하여 기주식물에 나타나는 반응을 병징이라 하며, 세포조직이나 기관에 이상이 생겨 외부로 나타나는 반응
2) 퇴색 : 병이 발생한 부위의 색이 건강한 부분과 다른 색을 띠게 되는 경우
3) 이층현상(abscission) : 조기 낙엽현상
4) 분열조직활성화(meristematic activity) : 비정상적인 세포신장에 의한 변형조직

14 해충의 생물학적 방제법 중 바이러스를 이용하는 방법을 쓰시오.

[정답]

- 핵다각체병바이러스(NPV ; Nuclear Polyhedrosis Virus) : 대부분 나비목 유충을 기주로 하나 일부 잎벌류나 파리목에도 감염을 일으킴, 경구감염을 통해 중장 내 소화액에 용해되고 기주세포에 침입·감염 후 3~12일 정도에 폐사
- 과립형 바이러스(GV ; Granulosis Virus) : 주로 나비목 유충을 기주로 하여 경구 또는 경란 감염을 통해 침입, 지방조직, 장관피막 등에서 증식, 감염 후 4~25일 정도에 폐사

15 다음에서 설명하는 해충을 쓰시오.

- 학명은 *Gastrolian depressa* Baly이다.
- 몸 색깔은 갈색이고, 생김새는 다소 굽은 C자 모양이다.
- 연 1회 발생하며, 월동한 성충이 5월 초순부터 출현하여 집단으로 기주식물 잎을 가해한다.
- 가래나무, 왕가래나무, 호두나무 등을 기주로 한다.

[정답]

호두나무잎벌레

[해설]

호두나무잎벌레(*Gastrolian depressa* Baly)

- 연 1회 발생하며 6월 하순에 우화한 신성충은 이듬해 4월까지 낙엽 밑이나 수피 틈에서 성충태로 월동한다.
- 성충의 몸길이는 7~8mm이며 흑남색이고, 가슴 양편은 등황색이다.
- 유충의 몸길이는 10mm 정도이고 유령기일 때는 전체가 검은색이나 머리는 검은색, 몸은 암황색이 된다.

16 다음에서 설명하는 식물보호 관련 법을 쓰시오.

> 이 법은 농약의 제조·수입·판매 및 사용에 관한 사항을 규정함으로써 농약의 품질향상, 유통질서의 확립 및 농약의 안전한 사용을 도모하고 농업생산과 생활환경 보전에 이바지함을 목적으로 한다.

정답

농약관리법

17 다음 중 카두사포스가 속하는 종류를 골라 쓰시오.

살충제	살균제	제초제

정답

살충제

해설

뿌리혹선충, 고자리파리, 거세미나방 등 토양해충 방제를 위해 사용하는 살충제

18 물 20L당 유제 30mL의 비로 희석하여 액량 500mL로 살포하려 할 때 필요한 농약량(mL)을 구하시오.

정답

20L(20,000mL) : 30mL = 500mL : 농약량

∴ 농약량 = 30 × 500/20,000 = 0.75mL

19 농약 분류에서 살충제의 종류 5가지를 쓰시오.

정답

소화중독제, 접촉제, 침투성살충제, 훈증제, 기피제 등

해설

살충제의 종류

- 소화중독제(식독제) : 해충이 약제를 먹으면 중독을 일으켜 죽이는 약제로 저작구형(씹어 먹는 입)을 가진 나비류 유충, 딱정벌레류, 메뚜기류에 적당함
- 접촉제 : 피부에 접촉 흡수시켜 방제
- 침투성 살충제 : 잎, 줄기 또는 뿌리부로 침투되어 흡즙성 해충에 효과가 있으며 천적에 대한 피해가 없음
- 훈증제 : 유효성분을 가스로 해서 해충을 방제하는 데 쓰이는 약제
- 기피제 : 농작물 또는 기타 저장물에 해충이 모이는 것을 막기 위해 사용하는 약제
- 유인제 : 해충을 유인해서 제거 및 포살하는 약제
- 불임제 : 해충의 생식기관 발육저해 등 생식능력이 없도록 하는 약제
- 점착제 : 나무의 줄기나 가지에 발라 해충의 월동 전후 이동을 막기 위한 약제
- 생물농약 : 살아있는 미생물, 천연에서 유래된 추출물 등을 이용한 생물적 방제 약제

20 다음에서 설명하는 식물병명을 쓰시오.

> - 목본식물에 발생해서 큰 피해를 주는 중요한 병으로 우리나라에서 최근 잣나무에 피해가 늘어나고 있다.
> - 발병해서 나무가 말라죽기까지 짧게는 수개월, 길게는 수년이 걸리기도 한다.
> - 뿌리와 줄기 밑둥 부분이 침해받고 병에 걸린 나무는 봄부터 가을에 걸쳐 잎 전체가 천천히 또는 급격히 누렇게 변하면서 고사한다.
> - 병든 나무의 줄기 밑둥이나 굵은 뿌리의 수피를 벗기면, 목질부의 표면과 수피의 뒷면을 버섯냄새가 나는 하얀 막 같은 균사층이 뒤덮고 있다.

정답

아밀라리아뿌리썩음병

01 관개 방법 중 1) 개거법과 2) 다공관관개의 정의를 쓰시오.

정답

1) 개거법 : 개방된 토수로에 투수한 물이 토양공극의 모세관현상에 의해 근권에 공급되게 하는 방법
2) 다공관관개 : 파이프에 작은 구멍을 내어 살수하는 방법

해설

관개 방법

• 지표관개 : 일류관개, 보더관개(월류관개), 수반법, 고랑관개
• 살수관개 : 다공관관개, 스프링클러관개, 물방울관개
• 지하관개 : 개거법, 암거법, 압입법

02 물 20L당 유제 27mL의 비로 희석하여 액량 500mL로 살포하려 할 때 필요한 농약량(mL)을 구하시오(단, 소수점 셋째자리에서 반올림할 것).

정답

20L(20,000mL) : 27mL = 500mL : 농약량
∴ 농약량 = 27 × 500/20,000 = 0.675 = 약 0.68mL

03 작물의 주요 온도 중 1) 최저온도, 2) 최고온도, 3) 유효온도의 정의를 쓰시오.

정답

1) 최저온도 : 작물의 생육이 가능한 가장 낮은 온도
2) 최고온도 : 작물의 생육이 가능한 가장 높은 온도
3) 유효온도 : 작물의 생육이 가능한 범위의 온도

04 내건성이 강한 작물의 형태적 특징 3가지를 쓰시오.

정답

• 표면적/체적의 비가 작고 왜소하며 잎이 작다.
• 뿌리가 깊고, 지상부에 비하여 근군의 발달이 좋다.
• 잎 조직이 치밀하고, 잎맥과 울타리조직이 있으며 표피에 각피가 잘 발달되어 있다.
• 기공이 작고 수효가 많다.
• 저수능력이 크고, 다육화의 경향이 있다.
• 기동세포가 발달해 탈수되면 잎이 말려서 표면적이 축소된다.

05 농약 직접살포제의 제형을 쓰시오.

정답

미립제, 미분제, 분의제, 분제, 저비산분제, 종자처리수화제, 세립제, 입제, 캡슐제, 직접살포액제 등

해설

희석 살포제	**가루 형태**	수용제(SP), 수화제(WP), 수화성미분제(WF)
	모래 형태	입상수용제(수용성입제, SG), 입상수화제(WG)
	바둑알~장기알 형태	정제상수화제(WT)
	액체 형태	미탁제(ME), 분산성액제(DC), 액상수화제(SC), 액제(SL), 오일제(OL), 유제(EC), 유상수화제(OD), 유탁제(EW), 유현탁제(SE), 캡슐현탁제(CS)
	미생물제제용 제형	고상제(GM), 액상제(AS), 액상현탁제(SM), 유상현탁제(EB)
직접 살포제	**가루 형태**	미립제(MG), 미분제(GP), 분의제(DS), 분제(DP), 저비산분제(DL), 종자처리수화제(WS)
	모래 형태	세립제(FG), 입제(GR)
	바둑알~장기알 형태	대립제(GG), 수면부상성입제(UG), 직접살포정제(DT), 캡슐제(CG)
	액체 형태	수면전개제(SO), 종자처리액상수화제(FS), 직접살포액제(AL)
특수 형태(특수 제형)		과립훈연제(FW), 도포제(PA), 마이크로캡슐훈증제(VP), 비닐멀칭제(PF), 연무제(AE), 판상줄제(SF), 훈연제(FU), 훈증제(GA)

06 광합성의 정의를 쓰시오.

정답

빛을 이용하여 탄수화물을 만드는 과정으로, 물과 이산화탄소를 재료로 태양광을 에너지원으로 탄수화물과 산소를 생성하는 것

07 다음은 대기의 조성에 대한 설명이다. (   )에 들어갈 알맞은 비율을 쓰시오.

(①) 약 78%, (②) 약 21%, 아르곤 약 0.9%, 이산화탄소 약 0.03%이다.

정답

① 질소, ② 산소

08 다음에서 설명하는 농약 살포 방법을 쓰시오.

> 1) 토양 병해충의 방제를 위하여 약제 희석액을 뿌리 근처 토양에 직접 주입하는 방법
> 2) 입경 0.035~0.1mm 미립자를 살포하는 방법으로 살포 시 분무입자에 대한 운동에너지가 높아 작물체에 입자의 부착 및 확전효과도 높고 약해가 적은 방법

정답
1) 관주법
2) 미스트법

해설

농약의 살포 방법별 분류
- 살포 위치별 : 지상살포, 공중살포(항공살포), 수면살포살포
- 살포 목적별 : 경엽처리, 토양처리, 수면처리살포
- 살포 형태별
  - 지상 액제 : 분무법, 미스트법, 스프링쿨러법, 폼 스프레이법
  - 지상 고형제 : 살분법, 살립법
  - 기타 방법 : 공중살포법, 수면시용법, 훈연법, 훈증법, 관주법, 침지법, 도말법, 도포법, 독이법

09 다음은 수목 병해충의 기계적 방제법에 대한 설명이다. 각 설명에 해당하는 방제법을 골라 쓰시오.

> 1) 잠복장소유살법 / 번식장소유살법 : 나방류의 유충이 월동을 위해 나무줄기를 타고 땅으로 내려올 때, 나무줄기에 볏짚 등을 이용하여 잠복소를 설치하고 유인한 후, 봄철 월동이 끝나기 전에 잠복소를 제거하여 소각한다.
> 2) 등화유살법 / 페로몬유살법 : 주광성이 강한 해충 중에서 나방류와 같이 날개가 있어 이동력이 있는 성충을 유인하여 방제한다.

정답
1) 잠복장소유살법
2) 등화유살법

해설
- 잠복장소유살법 : 나방류의 유충이 월동을 위해 나무줄기를 타고 땅으로 내려올 때, 나무줄기에 볏짚 등을 이용하여 잠복소를 설치하고 유인한 후, 봄철 월동이 끝나기 전에 잠복소를 제거하여 소각(솔나방, 미국흰불나방)
- 번식장소유살법 : 나무좀류, 하늘소류, 바구미류 등의 천공성 해충이 고사목이나 수세가 쇠약한 나무의 목질부에 산란하는 습성을 이용하여 유인목을 설치한 후 성충이 우화하기 전에 박피하거나 소각하는 방법
- 등화유살법 : 주광성이 강한 해충 중에서 나방류와 같이 날개가 있어 이동력이 있는 성충을 유인하여 방제
- 페로몬유살법 : 페로몬을 이용하여 해충을 유인하여 방제하는 방법

10 다음 (　)에 들어갈 알맞은 말을 쓰시오.

> (　)란 다음 각 목의 어느 하나에 해당하는 것으로서 농촌진흥청장이 지정하는 것을 말한다.
> 가. 농약을 원료나 재료로 하여 농작물 병해충의 방제 및 농산물의 품질관리에 이용하는 자재
> 나. 살균·살충·제초·생장조절 효과를 나타내는 물질이 발생하는 기구 또는 장치

정답

농약활용기자재

11 박과 채소 접목의 단점 3가지를 쓰시오.

정답

- 대목과 접목 관리, 접목 후 관리 등 노동력 투입 증가
- 대목에 따라 당도가 낮아지는 경우도 있음
- 대목과 접수 등의 종자를 따로 준비해야 하는 비용증가

해설

박과 채소류의 덩굴쪼김병 예방을 위해 접목기술을 적용하고 있다.

12 수피 상처의 기상적 원인 3가지를 쓰시오.

정답

- 피소(볕데임)현상으로 인한 나무줄기 남서쪽 수피가 벗겨짐
- 온도편차에 의해 나무껍질과 목질부가 종축방향으로 길게 갈라지는 현상
- 강풍으로 굵은 가지가 부러지면서 줄기가 벗겨지는 경우
- 눈이 쌓여 굵은 가지가 부러지면서 줄기가 벗겨지는 경우
- 낙뢰를 맞아 수피가 벗겨지는 경우

13 식물병 조사 방법 중 1) 표본조사와 2) 축차조사의 정의를 쓰시오.

정답

1) 표본조사 : 특정 개체군의 일부분을 표본 추출하여 조사한 후 이들 자료를 통계분석 등을 이용하여 전체 개체군에 대한 정보를 유추하는 방법, 표본조사는 전수조사와는 달리 시간과 노력, 경비면에서 효율적이다.
2) 축차조사 : 통상적인 표본조사와는 달리 표본의 크기가 정해져 있지 않고 관측치의 합계가 미리 구분된 등급에 도달할 때까지 표본추출을 계속하는 방법으로 시간과 노력을 절감하고 신속하게 피해정도를 추정함으로써 방제여부의 결정 및 방제대상지의 선정에 유용하게 활용할 수 있는 방법이다.

14 냉해 양상 중 1) 장해형 냉해와 2) 지연형 냉해의 정의를 쓰시오.

정답
1) 장해형 냉해 : 화분 이상에 의한 영화의 불임이 감수의 주요인으로 냉해 위험기에 단기간의 저온에 의해서 발생되어 결정적으로 감수되기 때문에 그 피해가 큼
2) 지연형 냉해 : 수정 후에 등숙불량이 감수의 주원인이며 이는 영양생장기의 장기간 저온으로 생육지연에 따른 출수지연과 등숙기간에 저온으로 배유의 발달 저해에 의한 등숙장해로 나타남

15 토양수분의 종류에서 1) 결합수와 2) 모관수의 정의를 쓰시오.

정답
1) 결합수 : 점토광물에 결합되어 있어 분리시킬 수 없는 수분
2) 모관수 : 표면장력 때문에 토양공극 내에서 중력에 저항하여 유지되는 수분으로 모세관현상에 의해 지하수가 토양공극을 따라 상승하여 공급 되며 pF 2.7~4.5로 작물이 주로 이용하는 수분

16 다음에서 설명하는 동상해 응급대책 방법을 쓰시오.

---
1) 이엉, 거적, 비닐, 폴리에틸렌 등으로 작물체를 직접 피복하면 작물체로부터 방열을 방지한다.
2) 불을 피우고 연기를 발산해 방열을 방지함으로써 서리의 피해를 방지하는 방법으로 약 2℃ 정도의 온도가 상승한다.

정답
1) 피복법
2) 발연법

해설
동상해 응급대책 방법
• 관개법 : 저녁에 관개하면 물이 가진 열이 토양에 보급되고 낮에 더워진 지중열을 빨아올려 수증기가 지열의 발산을 막아서 동상해를 방지
• 송풍법 : 동상해가 발생하는 밤의 지면 부근의 온도 분포는 온도 역전현상으로 지면에 가까울수록 온도가 낮음, 송풍기 등으로 기온역전층을 파괴하면서 작물 부근의 온도를 높여 상해를 방지
• 피복법 : 이엉, 거적, 비닐, 폴리에틸렌 등으로 작물체를 직접 피복하면 작물체로부터 방열 방지
• 발연법 : 불을 피우고 연기를 발산해 방열을 방지함으로써 서리의 피해를 방지하는 방법으로 약 2℃ 정도의 온도가 상승한다.
• 연소법 : 낡은 타이어, 뽕나무 생가지, 중유 등을 태워서 그 열을 작물에 보내는 적극적인 방법으로 -3~-4℃ 정도의 동상해를 예방
• 살수결빙법 : 물이 얼 때 1g당 약 80cal의 잠열이 발생되는 점을 이용해 스프링클러 등의 시설로써 작물체의 표면에 물을 뿌려 주는 방법으로 -7~-8℃ 정도의 동상해를 막을 수 있고 저온이 지속되는 동안 지속적인 살수가 필요

17 다음에서 설명하는 식물병명을 쓰시오.

> • 학명은 *Mycosphaerella cerasella*이다.
> • 벚나무에서 여름철 고온기에 많이 발생하는 병이다.
> • 벌레가 잎을 파먹은 듯 구멍이 생기는 특징이 있다.
> • 갈색 점무늬가 뭉쳐 큰 구멍이 나기도 하며, 잎마름 증상을 보인다.

정답

갈색무늬구멍병

18 다음에서 설명하는 해충을 쓰시오.

> • 학명은 *Lymantria dispar*이다.
> • 연 1회 발생하며 황색털로 덮여 있는 알덩어리 형태로 월동한다.
> • 기주 범위가 매우 넓어 침엽수, 활엽수 모두 가해한다.

정답

매미나방

19 다음 중 메틸브로마이드 훈증제가 속하는 종류를 골라 쓰시오.

살충제	살균제	제초제

정답

살충제

20 다음에서 설명하는 식물병 진단 방법을 쓰시오.

> 1) 식물병의 핵산 분석에 의한 진단방법
> 2) 이미 알고 있는 병원세균이나 병원바이러스의 항혈청(anti-serum)을 만들고, 여기에 진단하려는 병든 식물의 즙액이나 분리된 병원체를 반응시켜서 병원체를 조사하는 방법

정답

1) 중합효소 연쇄반응(PCR ; Polymerase Chain Reaction)법
2) 혈청학적 진단

해설

눈에 의한 진단	• 병징이나 표징을 보고 병이름을 판단하는 방법이다. • 육안적 진단에서 표징은 절대적이며, 진단에 결정적인 역할을 한다.

해부학적 진단	• 병든 부분을 해부하여 조직 속의 이상현상이나 병원체의 존재를 밝히는 방법
	  – 참깨 세균성시들음병 : 유관 속 갈변
	  – *Fusarium*에 의한 참깨 시들음병 : 유관 속 폐쇄
	• 그람염색법 : 대부분의 식물병원균은 그람음성으로 그람염색법을 이용해 감자 둘레썩음병 등 그람양성 병원균을 진단
	• 침지법(DN) : 바이러스에 감염된 잎을 염색해 관찰하는 방법으로, 바이러스 감염 여부를 1차적으로 검정하는 데 유효함
	• 초박절편법(TEM) : 바이러스 이병 조직을 아주 얇게 잘라 전자현미경으로 관찰
	• 면역전자현미경법 : 혈청반응을 전자현미경으로 관찰, 반응 민감도가 높고 병원체의 형태와 혈청반응을 동시에 관찰

병원적 진단	인공접종 등의 방법을 통해 병원체를 분리·배양·접종해서 병원성을 확인하는 방법(코흐의 원칙)
물리·화학적 진단	• 병든 식물의 이화학적 변화를 조사하여 병의 종류를 진단 • 감자 바이러스병에 진단 시 감염된 즙액에 황산구리를 첨가해 즙액의 착색도와 투명도를 검사하는 황산구리법이 있다.
혈청학적 진단	이미 알고 있는 병원세균이나 병원바이러스의 항혈청(Anti-serum)을 만들고, 여기에 진단하려는 병든 식물의 즙액이나 분리된 병원체를 반응시켜서 병원체 조사, 감자 X모자이크병, 보리 줄무늬모자이크병의 간이 진단법, 벼 줄무늬바이러스병의 보독충 검정 등에 이용한다. • 슬라이드법 : 슬라이드 위에서 항혈청과 병원체를 혼합시켜 응집 반응 조사 • 한천겔 확산법(AGID) : 바이러스 이병 즙액에 대한 한천겔 내의 침강반응을 이용하며 대량검정용으로는 부적절하다. • 형광항체법 : 항체와 형광색소를 결합해 항원이 있는 곳을 알아내는 방법으로 종자 표면의 바이러스, 매개충 체내의 바이러스, 토양 중의 세균 검출 및 확인에 이용 → 관찰에는 형광현미경 등이 사용된다. • 직접조직프린트면역분석법(DTBIA) : 병원균에 감염된 식물 조직의 단면을 염색액과 항혈청에 반응시킨 다음 발색시켜 결과를 판정 → 민감성, 수월성, 신속성, 정확성이 뛰어나고 대량 처리가 가능하다. • 적혈구응집반응법 : 식물체에 적혈구를 처리했을 때 바이러스 등 세포응집소나 항체에 의해서 적혈구가 응집되는 현상을 이용하는 방법 • 효소결합항체법(ELISA) : 항체에 효소를 결합시켜 바이러스와 반응했을 때 노란색이 나타나는 정도로 바이러스 감염여부를 확인 → 대량의 시료를 빠른 시간 내에 비교적 저렴한 가격으로 동정할 수 있는 장점
생물학적 진단	• 지표식물에 의한 진단 : 특정의 병원체에 대하여 고도의 감수성이거나 특이한 병징을 나타내는 지표식물을 병의 진단에 이용한 진단법 • 최아법에 의한 진단 : 싹을 틔워서 병징을 발현시켜 발병 유무를 진단, 감자 바이러스병 진단에 이용 • 박테리오파지에 의한 진단 • 병든 식물 즙액접종법 • 혐촉반응에 의한 진단 : 대치배양 • 유전자에 의한 진단 : 뉴클레오티드의 GC 함량, DNA-DNA 상동성 및 리보솜 RNA의 염기배열

01 1) 대전법과 2) 답전윤환의 정의를 쓰시오.

> **정답**

1) 대전법 : 유목시대 초기농경, 파종 후 유목, 수확기에 돌아와 수확, 탈취농업
2) 답전윤환 : 논을 몇 해 동안씩 담수한 논상태와 배수한 밭상태로 돌려가면서 이용하는 것

> **해설**

답전윤환의 효과
- 지력증강
- 기지의 회피
- 잡초의 감소
- 벼의 수량증가
- 노력절감

02 다음 ( )에 들어갈 알맞은 말을 쓰시오.

> 곤충병원성 곰팡이는 발생 습도 몇 (①)% 이상의 습도가 요구된다. 대표적인 곤충병원성 곰팡이 (②)에 감염되면 처음에는 곤충의 몸 전체가 흰색을 띠는 포자와 균사로 뒤덮인 후 균사와 포자가 발달하면서 초록빛을 띠게 된다.

> **정답**

① 90
② 녹강균

> **해설**

녹강균은 약 200여 종의 곤충에서 질병을 일으키는 병원균으로 알려져 있으며, 상대습도 70% 대조구에서 유충의 치사율은 50% 정도이다.

03 다음에서 설명하는 해충을 쓰시오.

- 학명은 *Gastrolian depressa* Baly이다.
- 몸 색깔은 갈색이고, 생김새는 다소 굽은 C자 모양이다.
- 연 1회 발생하며, 월동한 성충이 5월 초순부터 출현하여 집단으로 기주식물 잎을 가해한다.
- 가래나무, 왕가래나무, 호두나무 등을 기주로 한다.

호두나무잎벌레

호두나무잎벌레(*Gastrolian depressa* Baly)
- 연 1회 발생하며 6월 하순에 우화한 신성충은 이듬해 4월까지 낙엽 밑이나 수피 틈에서 성충태로 월동한다.
- 성충의 몸길이는 7~8mm이며 흑남색이고, 가슴 양편은 등황색이다.
- 유충의 몸길이는 10mm 정도이고 유령기일 때는 전체가 검은색이나 머리는 검은색, 몸은 암황색이 된다.

04 수간주사 시 가장 유의해야 할 사항 1가지를 쓰시오.

수간주입이 끝나면 주입공에서 주입관을 뽑은 다음 주입공에 지오판도포제(톱신엠페스트)를 처리해 상처가 아물도록 한다.

05 식물방역법의 목적에 대해 서술하시오.

수출입 식물 등과 국내 식물을 검역하고 식물에 해를 끼치는 병해충을 방제(防除)하기 위하여 필요한 사항을 규정함으로써 농림업 생산의 안전과 증진에 이바지하고 자연환경을 보호하는 것을 목적으로 한다.

06 물 20L당 유제 30mL의 비로 희석하여 액량 500mL로 살포하려 할 때 필요한 농약량(mL)을 구하시오.

정답

20L(20,000mL) : 30mL = 500mL : 농약량

∴ 농약량 = 30 × 500/20,000 = 0.75mL

07 다음 ( )에 들어갈 알맞은 말을 쓰시오.

> • 굴광현상은 (①)광에서 가장 유효하다.
> • 포도의 착색은 안토사이아닌의 착색으로 이루어지며, 안토사이아닌의 발현은 (②)광으로 촉진된다.

정답

① 청색, ② 자색

해설

• 근적색광 : 줄기 신장 촉진, 발아
• 적색광 : 광합성에 매우 중요, 광주기성, 종자발아
• 청색광 : 카로티노이드계 색소 생성, 광합성 시 엽록소에서 일부 흡수, 굴광성에 영향
• 자색광 : 안토사이아닌 색소 발현 촉진, 줄기 신장 억제, 엽육 두껍게

08 C_3식물과 C_4식물 중 광합성 전류속도가 큰 식물을 쓰시오.

정답

C_4식물

해설

C_3식물의 광합성 전류속도는 C_4식물의 전류속도에 비해 작다. 두 작물이 경합할 때 C_3식물이 C_4에 비해 불리하다.

09 다음 중 토양이 강산성일 때 가급도가 감소하는 무기양분을 골라 쓰시오.

P	Cu	Mg	Al	Ca	Fe

정답

P, Mg, Ca

해설

• 강산성 : 인(P), 칼슘(Ca), 마그네슘(Mg), 붕소(B), 몰리브덴(Mo) 등의 가급도가 감소함
• 강알칼리성 : 붕소(B), 철(Fe), 망간(Mn) 등의 용해도가 감소하여 작물 생육에 불리함
• 강산성과 강알칼리성 : 토양입단의 생성을 저해

10 토양의 구조 중 1) 판상구조와 2) 각주상구조의 정의를 작물재배 관점에서 쓰시오.

> **정답**
>
> 1) 판상구조 : 입단이 판자상으로 논토양의 하층에서 발견, 가로축이 세로축보다 길며 A2층에서 발견, 수준의 수직이동은 느리고 가로축 방향으로 이동함
> 2) 각주상구조 : 가로축보다 세로축이 길며 토층발달이 좋은 B층에서 발견

11 풍해에 대비할 수 있는 재배적 대책을 5가지 쓰시오.

> **정답**
>
> • 내풍성 작물 선택
> • 내도복성 품종 선택
> • 조기재배 등을 통한 작기 이동
> • 태풍이 불 때 논물을 깊이 대 도복과 건조 경감
> • 배토와 지주 및 결속
> • 질소질 비료를 줄여 웃자람을 줄이고 생육을 건실하게 함
> • 사과의 경우 낙과방지제를 수확 25~30일 전 처리

12 다음 중 사이퍼메트린 유제가 속하는 종류를 골라 쓰시오.

살충제	살균제	제초제

> **정답**
>
> 살충제
>
> **해설**
>
> 과수잎말이나방 방제용 살충제(상품명 : 피레스)

13 다음 (   )에 들어갈 알맞은 말을 쓰시오.

> 원형질의 친수성 콜로이드가 (①)지면 세포 내 결합수가 많아지고, 자유수 함량이 (②)져 원형질의 탈수저항성은 커지며 세포의 결빙이 경감되면서 내동성이 증가한다.

> **정답**
>
> ① 많아, ② 적어

14 식물병 조사 방법 중 1) 표본조사와 2) 축차조사의 정의를 쓰시오.

정답

1) 표본조사 : 특정 개체군의 일부분을 표본 추출하여 조사한 후 이들 자료를 통계분석 등을 이용하여 전체 개체군에 대한 정보를 유추하는 방법. 표본조사는 전수조사와는 달리 시간과 노력, 경비면에서 효율적이다.

2) 축차조사 : 통상적인 표본조사와는 달리 표본의 크기가 정해져 있지 않고 관측치의 합계가 미리 구분된 등급에 도달할 때까지 표본추출을 계속하는 방법으로 시간과 노력을 절감하고 신속하게 피해정도를 추정함으로써 방제 여부의 결정 및 방제대상지의 선정에 유용하게 활용할 수 있는 방법이다.

15 다음에서 설명하는 식물병명을 쓰시오.

- 학명은 *Elsinoe ampelina*이다.
- 잎, 열매, 줄기 덩굴손에 발생한다.
- 열매는 작고 둥근 무늬가 생기며 병반이 약간 움푹 들어간다.
- 잎은 작은 반점이 흑색 반점으로 확대된다.

정답

새눈무늬병

해설

다습한 조건인 봄부터 이른 여름 사이에 비가 많이 올 때 발생이 심하기에 비가림 재배를 하고, 생육기 새가지가 5cm 정도 자란 시기부터 장마철까지 적용약제를 살포한다.

16 동해의 사후 대책 3가지를 쓰시오.

정답

- 영양상태의 회복을 위하여 속효성 비료의 추비와 엽면시비를 한다.
- 병충해가 발생하기 쉬우므로 약제 살포를 한다.
- 동상해 후에는 낙화, 낙과가 심하므로 적과 시기를 늦춘다.
- 한해의 피해가 커서 회복하기 곤란하거나 상당한 감수가 불가피하면 대작을 한다.

17 병징의 형태 중 1) 상편생장과 2) 퇴색의 정의를 쓰시오.

> **정답**

1) 상편생장 : 잎자루나 잎백의 윗부준이 아랫부분보다 더 많이 자라게 하여 잎이 아래쪽으로 처지거나 쭈글쭈글하게 오그라드는 현상
2) 퇴색 : 잎의 엽록소가 일부 또는 전체적으로 파괴되어 녹색이 옅어지는 현상

18 농약 도포제의 사용 방법을 쓰시오.

> **정답**

나무의 수간이나 지하에서 월동하는 해충이 오르거나 내려가지 못하게 끈끈한 액체를 발라서 해충을 방제한다.

19 이산화탄소 포화점의 정의를 쓰시오.

> **정답**

광합성을 위한 다른 요인을 일정한 상태로 고정한 후에 이산화탄소만 농도를 점차 높여 갈 때, 광합성이 더이상 증가하지 않는 때의 이산화탄소 농도

20 관개 방법 중 1) 고랑관개와 2) 다공관관개의 정의를 쓰시오.

> **정답**

1) 고랑관개 : 이랑을 세우고 고랑에 물을 흘려서 대는 방법
2) 다공관관개 : 파이프에 작은 구멍을 내어 살수하는 방법

> **해설**

관개 방법
- 지표관개 : 일류관개, 보더관개(월류관개), 수반법, 고랑관개
- 살수관개 : 다공관관개, 스프링클러관개, 물방울관개
- 지하관개 : 개거법, 암거법, 압입법

01 농약관리법상 수입업의 정의를 쓰시오.

정답

'수입업'이란 농약 등 또는 원제를 수입하여 판매하는 업을 말한다.

해설

정의(농약관리법 제2조)

4. '제조업'이란 국내에서 농약 또는 농약활용기자재(이하 '농약 등')를 제조(가공을 포함)하여 판매하는 업(業)을 말한다.

5. '원제업(原劑業)'이란 국내에서 원제를 생산하여 판매하는 업을 말한다.

6. '수입업'이란 농약 등 또는 원제를 수입하여 판매하는 업을 말한다.

7. '판매업'이란 제조업 및 수입업 외의 농약등을 판매하는 업을 말한다.

8. '방제업(防除業)'이란 농약을 사용하여 병해충을 방제하거나 농작물의 생리기능을 증진하거나 억제하는 업을 말한다.

02 관개 방법 중 <u>1) 보더관개</u>와 <u>2) 일류관개</u>의 정의를 쓰시오.

정답

1) 보더관개 : 완경사의 포장을 알맞게 구획하고, 상단의 수로로부터 포장 전면에 물을 대는 방법

2) 일류관개 : 등고선에 따라 수로를 내고, 임의의 장소로부터 월류하도록 하는 방법

03 1) 포장동화능력의 정의와 2) ( )에 들어갈 알맞은 말을 쓰시오.

$$포장동화능력 = 총엽면적 \times (①) \times (②)$$

해설

1) 포장군락의 단위면적당 동화(광합성)능력
2) ① 수광능률, ② 평균동화능력

04 다음에서 설명하는 식물병명을 쓰시오.

- 학명은 *Glomerella eingulata*이다.
- 어린 실생묘가 심하게 침해되면 모잘록 증상을 띠면서 전멸하기도 한다.
- 잎은 기형으로 오그라들면서 일찍 낙엽이 된다.

정답

오동나무 탄저병

해설

오동나무 탄저병(*Glomerella eingulata*)
- 5~6월경부터 잎과 어린줄기에 발생한다.
- 잎의 병반은 초기에는 담갈색으로 아주 작으나 점차 암갈색으로 되고 반점 주위는 퇴색하여 노랗게 된다.
- 건조하면 담갈색, 습윤할 때에는 담도색으로 가루를 뿌려 놓은 것처럼 보인다.
- 병반의 직경은 1mm 이내인 것이 대부분이며 잎의 한쪽이 심하게 침해되면 잎이 기형으로 된다.
- 엽맥(葉脈), 엽병(葉柄) 및 어린줄기의 병반은 담갈색을 띤 원형의 작은 반점으로 나타나지만 얼마 후 길이 방향으로 확장되고 심하게 침해되면 병반이 함몰한다.
- 어린줄기는 병반이 확대되어 줄기를 한 바퀴 돌면 그 윗부분은 말라 죽는다.

05 다음에서 설명하는 해충을 쓰시오.

- 학명은 *Rhynchaenus sanguinipes*이다.
- 뒷다리가 잘 발달하여 벼룩처럼 잘 뛴다.
- 성충은 주둥이로 잎 표면에 구멍을 뚫고 흡즙하고 유충은 잎의 가장자리를 갉아 먹는다.

정답

느티나무벼룩바구미

해설

느티나무벼룩바구미(*Rhynchaenus sanguinipes*)
- 형태
  - 성충의 몸길이는 23mm이며 체색은 황적갈색이다.
  - 뒷다리가 잘 발달되어 있어 벼룩처럼 잘 뛴다.
- 피해
  - 성충과 유충이 잎살을 식해한다.
  - 성충은 주둥이로 잎 표면에 구멍을 뚫고 흡즙하고 유충은 잎의 가장자리를 갉아 먹는다.
  - 피해를 받은 나무가 고사되는 경우는 드물지만 5~6월에 피해받은 잎이 갈색으로 변해 경관을 해친다.
  - 우리나라에서 피해는 1980년대 중반부터 눈에 띄었으며 1990년대 중반 이후부터는 전국에서 피해가 관찰되고 있다.
- 생태
  - 연 1회 발생하며 수피에서 성충으로 월동한다.
  - 성충은 느티나무 잎이 피기 시작하는 4월 중순~5월 초순에 출현하여 잎살을 가해하며, 잎에 1~2개씩 산란한다.
  - 부화한 유충은 5월 초순~하순에 잎 속으로 잠입하여 성장을 계속하며, 유충이 성장하는 잎 부분은 갈색으로 변하여 피해증상이 뚜렷하게 나타난다.
  - 5월 하순경 노숙한 유충은 잎살에 긴 타원형의 번데기 집을 만들고 번데기가 된다.
  - 신성충은 잎 표면에 구멍을 만들고 7월 초순경부터 탈출하여 잎을 가해한다.

06 제초제의 작용 기작을 순서대로 쓰시오.

정답

접촉, 침투, 작용점으로의 이행, 작용점으로의 작용

07 다음 (   )에 들어갈 알맞은 말을 쓰시오.

$$NH_4^+ \rightarrow (①) \rightarrow (②)$$
$$\textit{Nitrosomonas} \quad \textit{Nitrobacter}$$

정답

① NO_2^-, ② NO_3^-

해설

질산화 과정

암모늄태질소가 질산화균인 나이트로소모나스(*Nitrosomonas*)의 도움을 받아서 아질산(NO_2^-)으로 변하고, 나이트로박터(*Nitrobacter*)의 도움으로 질산태 질소(NO_3^-)가 되는 과정

08 물 20L당 유제 12.7mL의 비로 희석하여 액량 500mL로 살포하려 할 때 필요한 농약량(mL)을 구하시오(단, 소수점 셋째자리에서 반올림할 것).

정답

20,000mL : 12.7mL = 500mL : 농약량

∴ 농약량 = 12.7 × 500/20,000 = 0.32mL

09 작휴의 종류 중 1) 평휴법과 2) 휴립구파법의 정의를 쓰시오.

정답

1) 평휴법 : 이랑과 고랑의 높이를 같게 하는 방식
2) 휴립구파법 : 이랑을 세우고 낮은 골에 파종하는 방식

해설

작휴의 종류

• 평휴법 : 이랑과 고랑의 높이를 같게 하는 방식
• 성휴법 : 이랑을 보통보다 넓고 크게 만드는 방식
• 휴립법
 – 휴립구파법 : 이랑을 세우고 낮은 골에 파종하는 방식으로 맥류의 한해(旱害)와 동해(凍害) 방지 감자의 발아촉진 및 배토를 위해 실시
 – 휴립휴파법 : 이랑을 세우고 이랑에 파종하는 방식으로 고구마는 이랑을 높게 세우고 조, 콩 등은 이랑을 비교적 낮게 세움, 이랑에 재배하면 배수와 토양통기가 좋음

10 식물병 조사 방법 중 1) 전수조사와 2) 원격조사의 정의를 쓰시오.

정답

1) 전수조사 : 전체 작물에 대해 식물병의 발생 여부를 조사하는 방법
2) 원격조사 : 실시간으로 작물의 상태를 모니터링하고 식물병의 발생을 감지하는 방법

해설

1) 전수조사
   - 전체 작물에 대해 식물병의 발생 여부를 조사하는 방법으로 작물의 상태를 직접 확인하여 식물병의 존재 여부를 판단한다.
   - 전수조사 단계
     - 조사할 작물을 선정
     - 작물의 일부를 샘플링하여 식물병의 존재 여부 확인
     - 샘플링된 작물을 검사하고 분석하여 식물병의 유무를 판단
     - 조사 결과 기록 및 보고
2) 원격조사
   - 실시간으로 작물의 상태를 모니터링하고 식물병의 발생을 감지하는 방법으로 주로 카메라, 센서, 레이어 등을 활용하여 작물의 상태를 원격으로 모니터링 한다.
   - 원격조사 방법
     - 작물 주변에 센서를 설치하여 온도, 습도, 광량 등을 측정
     - 작물을 촬영할 수 있는 카메라를 설치
     - 센서와 카메라로부터 수집된 데이터를 중앙 시스템으로 전송
     - 수집된 데이터를 분석하여 식물병의 증세를 감지
     - 식물병이 감지되면 관리자에게 경고 및 알림

11 동상해 응급대책 방법 3가지를 쓰시오.

정답

관개법, 송풍법, 피복법, 발연법, 연소법, 살수결빙법 등

해설

동상해 응급대책 방법
- 관개법 : 저녁에 관개하면 물이 가진 열이 토양에 보급되고 낮에 더워진 지중열을 빨아올려 수증기가 지열의 발산을 막아서 동상해를 방지
- 송풍법 : 동상해가 발생하는 밤의 지면 부근의 온도 분포는 온도 역전현상으로 지면에 가까울수록 온도가 낮음, 송풍기 등으로 기온역전층을 파괴하면서 작물 부근의 온도를 높여 상해를 방지
- 피복법 : 이엉, 거적, 비닐, 폴리에틸렌 등으로 작물체를 직접 피복하면 작물체로부터 방열 방지
- 발연법 : 불을 피우고 연기를 발산해 방열을 방지함으로써 서리의 피해를 방지하는 방법으로 약 2℃ 정도의 온도가 상승한다.
- 연소법 : 낡은 타이어, 뽕나무 생가지, 중유 등을 태워서 그 열을 작물에 보내는 적극적인 방법으로 -3~-4℃ 정도의 동상해를 예방
- 살수결빙법 : 물이 얼 때 1g당 약 80cal의 잠열이 발생되는 점을 이용해 스프링클러 등의 시설로써 작물체의 표면에 물을 뿌려 주는 방법으로 -7~-8℃ 정도의 동상해를 막을 수 있고 저온이 지속되는 동안 지속적인 살수가 필요

12 다음 중 이프로디온 수화제가 속하는 종류를 골라 쓰시오.

살충제	살균제	제초제

정답

살균제

해설

잿빛곰팡이 방제용 살균제(상품명 : 잿빛곰팡이마름뚝)

13 다음 ( )에 들어갈 알맞은 말을 쓰시오.

구분	C₃식물	C₄식물	CAM식물
O_2 농도 21%에서 광합성 중단	(①)	(②)	있음

정답

① 있음, ② 없음

해설

C_3식물은 광호흡 과정에서 루비스코 효소가 O_2와 결합하여 2-포스포글리콜산(2-PG)을 생성하게 되고, 식물에 유해한 부산물로 산소 농도가 높은 상황에서 광호흡 속도가 감소하여 광합성 효율이 떨어질 수 있다.

14 다음은 병원균에 대한 설명이다. ( )에 들어갈 알맞은 말을 쓰시오.

- (①)은 각종 곤충에 침입하여 표면에 흰색의 분생포자 형성하여 죽인다.
- (②)에 감염되면 처음에는 곤충의 몸 전체가 흰색을 띠는 포자와 균사로 뒤덮인 후 균사와 포자가 발달하면서 초록빛을 띠게 된다.

정답

① 백강균, ② 녹강균

해설

① 백강균 : 다양한 곤충에게 감염되면 곤충의 몸을 흰색의 분생포자로 뒤덮고, 곤충을 죽이는 데 효과적이며 주로 곤충 방제에 사용되는 친환경 방제제 활용한다.
② 녹강균 : 녹각병을 일으키는 병원균으로, 곤충에게 감염되면 곤충의 몸을 굳게 만들고 마비증세를 일으킨다.

15 다음 원소의 산화 · 환원 형태를 쓰시오.

> 1) C의 밭에서 산화 형태
> 2) Fe의 논에서 환원 형태

정답

1) C의 밭에서 산화 형태 : CO_2
2) Fe의 논에서 환원 형태 : Fe^{2+}

해설

2) 물속의 저산소 조건에서 Fe^{3+}가 Fe^{2+}로 환원된다.

16 다음은 내동성 작물의 생리적 요인에 대한 설명이다. ( )에 들어갈 알맞은 말을 골라 쓰시오.

> 1) 세포 내 당분함량이 (많으면 / 적으면) 내동성이 증가한다.
> 2) 세포 내 전분함량이 (많으면 / 적으면) 내동성이 증가한다.

정답

1) 많으면
2) 적으면

해설

• 당분함량이 많으면 세포의 삼투압이 높아지고, 원형질단백의 변성을 막아서 내동성이 증가한다.
• 전분함량이 많아지면 원형질의 기계적 견인력에 의한 파괴를 크게 하고, 당분함량이 낮아져 내동성은 저하된다.

17 다음은 수목의 가지치기에 대한 설명이다. ( )에 들어갈 알맞은 말을 쓰시오.

> • 가지치기의 시기는 수목이 (①)인 늦겨울에 시행해야 한다.
> • 가지치기를 할 때는 가지와 가지, 가지와 줄기 사이의 부위를 절단해야 하며, 가지의 (②)는 자르지 않아야 한다.

정답

① 휴면상태, ② 마디사이

18 다음에서 설명하는 식물의 병징을 쓰시오.

> 1) 부분적인 색소의 파괴 또는 결핍으로 군데군데 색깔이 변하여 나타나는 것
> 2) 광량의 부족으로 인하여 발생하는데, 과다 신장을 하여 누런색으로 가늘고 연약한 상태로 길게
>   자라는 것

정답

1) 얼룩
2) 웃자람

해설

식물병의 다양한 병징
- 왜화(stunting) : 세포의 분화가 잘 이루어지지 않아 기관의 발육 정도가 낮은 것
- 쇠퇴(strophy) : 영향을 받은 잎이나 다른 부분이 조직의 성장과 확산에 관계없이 세포의 분화가 정지하는 것
- 위축(dwarf) : 전체 식물의 크기가 작아지는 것
- 억제(suppression) : 기관의 발달이 완성되지 않는 경우
- 웃자람(etiolation) : 광량의 부족으로 인하여 발생하는데, 과다 신장을 하여 누런색으로 가늘고 연약한 상태로 길게
  자라는 것
- 분열조직활성화(meristematic activity) : 세포가 비정상적으로 분열하여 변형조직이 만들어지는 것
- 이상증식(hyperplasia) : 세포가 비정상적으로 분열하여 건전한 식물에서는 볼 수 없는 국부적인 융기 또는 암종이
  형성되는 것
- 상편생장(epinasty) : 잎자루가 잎맥의 윗부분이 아랫부분보다 더 많이 자라게 하여 잎이 아래쪽으로 처지거나 쭈글쭈글
  하게 오그라드는 현상
- 이층형성(abscission) : 조기낙엽의 원인이 되는 현상으로, 잎자루와 가지 사이의 세포들을 분리되기 쉽게 만드는 것
- 퇴색(chlorosis) : 잎의 엽록소가 일부 또는 전체적으로 파괴되어 녹색이 옅어지는 것
- 얼룩(mottling) : 부분적인 색소의 파괴 또는 결핍으로 인하여 군데군데에 색깔이 변하여 나타나는 것
- 잎맥 투명화(vein clearing) : 잎맥이 물에 젖은 듯 투명하게 보이는 것으로서, 주로 바이러스 감염시에 나타남

19 다음에서 설명하는 대기오염물질을 쓰시오.

> 1) 탄화수소, 오존, 이산화질소가 화합해서 생성되며 잎의 뒷면에 광택화, 은회색, 청동색의 피해증상을
>   나타낸다.
> 2) 빗물의 pH가 5.6 미만인 경우로 대기 중 SO_2, NO_2, HF, HCl 가스 등으로 인해 생성된다.

정답

1) PAN
2) 산성비

해설

1) PAN : 대기 중에서 태양광선의 자외선과 함께 자동차 배기가스 등으로 나오는 매연 및 탄화수소와 같은 산화성
   물질에 작용하여 2차성 자극성 물질을 생성하는데
2) 산성비 : pH가 5.6 미만인 비

20 풍해에 대비할 수 있는 재배적 대책 3가지를 쓰시오.

정답

- 내풍성 작물 선택
- 내도복성 품종 선택
- 조기재배 등을 통한 작기 이동
- 태풍이 불 때 논물을 깊이 대 도복과 건조 경감
- 배토와 지주 및 결속
- 질소질 비료를 줄여 웃자람을 줄이고 생육을 건실하게 함
- 사과의 경우 낙과방지제를 수확 25~30일 전 처리

2024년 제2회 최근 기출복원문제

01 식물방역법상 규제비검역병해충의 정의를 쓰시오.

정답

'규제비검역병해충'이란 검역병해충이 아닌 병해충 중에서 재식용(栽植用) 식물에 대하여 경제적으로 수용할 수 없는 정도의 해를 끼쳐 국내에서 규제되는 병해충으로서 농림축산식품부령으로 정하는 것을 말한다(식물방역법 제2조 제6호).

02 광 관리에서 1) 엽면적지수와 2) 포장동화능력의 정의를 쓰시오.

정답

1) 엽면적지수 : 군락의 엽면적을 토지면적에 대한 배수치로 표시한 것
2) 포장동화능력 : 포장군락의 단위면적당 동화(광합성)능력을 말하며, 총엽면적 × 수광능률 × 평균동화능력으로 구할 수 있다.

03 광 관리에서 1) 양생식물과 2) 음생식물의 정의를 쓰시오.

정답

1) 양생식물 : 광 보상점이 높아서 그늘에 적응하지 못하고 햇볕을 쪼이는 곳에서만 잘자라는 식물
2) 음생식물 : 광 보상점이 낮아서 그늘에 적응하고 광을 강하게 받으면 해를 받는 식물

04 다음은 토양구조에 대한 설명이다. (   )에 들어갈 알맞은 말을 쓰시오.

> • (①)구조 : 토양입자가 모여 입단으로 형성된 토양의 물리적 구조
> • 단립구조 : (②)

정답

① 입단, ② 토양을 이루는 입자들이 서로 덩어리를 이루지 않고 개개로 흩어져있는 상태

05 관개 방법 중 1) 일류관개와 2) 암거법의 정의를 쓰시오.

정답

1) 일류관개 : 등고선을 따라 수로를 내고, 임의의 장소로부터 월류하도록 하는 방법
2) 암거법 : 지하에 토관, 목관, 콘크리트관 등을 배치하여 통수하고, 간극으로부터 스며오르게 하는 방법

해설

관개 방법
• 지표관개 : 일류관개, 보더관개(월류관개), 수반법, 고랑관개
• 살수관개 : 다공관관개, 스프링클러관개, 물방울관개
• 지하관개 : 개거법, 암거법, 압입법

06 다음은 내동성 작물의 생리적 요인에 대한 설명이다. (   )에 들어갈 알맞은 말을 골라 쓰시오.

> 1) 수분투과성이 크면 내동성이 (증가 / 감소)한다.
> 2) 원형질단백에 −SH기가 많은 것은 −SS기가 많은 것보다 내동성이 (증가 / 감소)한다.

정답

1) 증가
2) 증가

해설

1) 원형질의 수분투과성이 크면 세포 내 수분이 쉽게 탈수 되지 않고, 세포 내 결빙을 적게 하여 내동성이 증가한다.
2) 원형질단백에 −SH기가 많은 것은 −SS기가 많은 것보다 기계적 인력을 받을 때 미끄러지기 쉬워 원형질의 파괴가 적다.

07 다음에서 설명하는 해충의 조사 방법을 쓰시오.

> 1) 직접조사 중 전수조사가 불가능한 경우 시간과 비용 효율성을 고려하여 집단의 일부를 조사하여
>   전체집단에 대한 정보를 유추하는 방법
> 2) 간접조사 중 물에 들어있는 황색수반에 날아드는 해충을 채집하여 조사하는 방법

정답
1) 표본조사
2) 수반트랩

08 다음 중 플루톨라닐 유제가 속하는 종류를 골라 쓰시오.

살충제	살균제	제초제

정답
살균제

해설
벼 잎집무늬마름병, 균핵병, 눈마름병 등에 사용하는 살균제(상품명 : 몬카트)

09 물 20L당 유제 30mL의 비로 희석하여 액량 500mL로 살포하려 할 때 필요한 농약량(mL)을 구하시오.

정답
20L(20,000mL) : 30mL = 500mL : 농약량
∴ 농약량 = 30 × 500/20,000 = 0.75mL

10 다음에서 설명하는 해충을 쓰시오.

- 나비목으로, 학명은 *Lymantria dispar*이다.
- 암컷은 노란털이 있으며 황색의 다리를 가지고 있다.

정답

매미나방

해설

매미나방(*Lymantria dispar*)
- 연 1회 발생하며 황색털로 덮여 있는 알덩어리 형태로 월동한다.
- 기주 범위가 매우 넓어 침엽수, 활엽수 모두 가해한다.

11 다음에서 설명하는 식물병명을 쓰시오.

- 병원균은 *Seiridium unicome*이다.
- 작은 가지와 잎이 적갈색으로 변하면서 말라 죽는 병으로 편백나무, 화백나무, 노간주나무에서 발생한다.
- 병든 가지에는 수피를 뚫고 검은색 작은 돌기(분생포자층)가 나타나며, 다습하면 분생포자덩이가 솟아오른다.

정답

가지마름병

해설

- 가지마름병(*Seiridium canker*)은 3종의 병원균(S. *cardinale*, S. *cupressi*, S. *unicorne*)에 의해 발생하는데, 이중 S. *unicorne*가 가장 큰 피해를 준다.
- 1942년 동부아프리카의 케냐에서 최초 보고되었으며, 그 피해는 점차 증가하여 측백나무과에서는 아주 중요한 병 중 하나이다.
- 우리나라에서는 1987년에 처음 보고된 병이나 오래전 편백나무가 도입되었을 때 병원균이 같이 들어온 것으로 추정된다.
- 노간주나무가 전염원이 되기도 한다.
- 주로 작은 가지가 피해를 받으며 병든 부위의 윗부분은 적갈색으로 변하면서 말라 죽는다.
- 줄기에 병이 발생할 경우 목재 조직에 송진이 침적되어 목재의 상품가치를 크게 저하시키기 때문에 문제가 되고 있다.

12 다음에서 설명하는 병징의 종류를 쓰시오.

> 1) 잎의 엽록소가 일부 또는 대부분 파괴되어 녹색이 옅어지는 현상
> 2) 잎맥이 투명하게 되는 증상으로 햇빛에 비추어보면 잘 나타나며 감염초기의 새로운 잎에 나타나는 경우가 많다.

정답

1) 퇴색
2) 잎맥 투명화

해설

식물병의 다양한 병징
- 왜화(stunting) : 세포의 분화가 잘 이루어지지 않아 기관의 발육 정도가 낮은 것
- 쇠퇴(strophy) : 영향을 받은 잎이나 다른 부분이 조직의 성장과 확산에 관계없이 세포의 분화가 정지하는 것
- 위축(dwarf) : 전체 식물의 크기가 작아지는 것
- 억제(suppression) : 기관의 발달이 완성되지 않는 경우
- 웃자람(etiolation) : 광량의 부족으로 인하여 발생하는데, 과다 신장을 하여 누런색으로 가늘고 연약한 상태로 길게 자라는 것
- 분열조직활성화(meristematic activity) : 세포가 비정상적으로 분열하여 변형조직이 만들어지는 것
- 이상증식(hyperplasia) : 세포가 비정상적으로 분열하여 건전한 식물에서는 볼 수 없는 국부적인 융기 또는 암종이 형성되는 것
- 상편생장(epinasty) : 잎자루가 잎맥의 윗부분이 아랫부분보다 더 많이 자라게 하여 잎이 아래쪽으로 처지거나 쭈글쭈글하게 오그라드는 현상
- 이층형성(abscission) : 조기낙엽의 원인이 되는 현상으로, 잎자루와 가지 사이의 세포들을 분리 되기 쉽게 만드는 것
- 퇴색(chlorosis) : 잎의 엽록소가 일부 또는 전체적으로 파괴되어 녹색이 옅어지는 것
- 얼룩(mottling) : 부분적인 색소의 파괴 또는 결핍으로 인하여 군데군데에 색깔이 변하여 나타나는 것
- 잎맥 투명화(vein clearing) : 잎맥이 물에 젖은 듯 투명하게 보이는 것으로서, 주로 바이러스 감염시에 나타남

13 점오염원에 대해 서술하시오.

정답

특정한 지점에서 발생하는 오염물질 배출원으로 공장, 정화장, 배수구 등에서 발생하며, 비점오염원과 달리 상대적으로 구별이 쉽고 추적이 가능하다.

14 다음은 고형제 살포법 중 연무법에 대한 설명이다. ( )에 들어갈 알맞은 말을 골라 순서대로 쓰시오.

> 입자의 지름은 10~20μm 정도로, 미스트보다 크기가 (큰 / 작은) 입자를 공기 중에 부유시키는 방법이며, 비산성이 (크다 / 작다).

정답

작은, 크다

해설

연무법
- 미스트보다 미립자인 주제를 연무질 처리하는 방법이다.
- 고체나 액체의 미립자(입경 20μm 이하)를 공기 중에 부유시킨다.
- 분무법이나 살분법보다 잘 부착하나 비산성이 커 주로 하우스 내에서 적용한다.
- 비점이 낮은 용제에 주제와 비휘발성 기름을 용해 및 가압·충진시켜 이용한다.

15 작부체계 중 1) 기지와 2) 휴한농업의 정의를 쓰시오.

정답

1) 기지 : 연작피해, 연작을 할 때 작물의 생육이 뚜렷하게 나빠지는 현상
2) 휴한농업 : 지력의 회복과 유지를 위하여 농경지 일부분의 작물 재배를 몇 년에 한 번씩 일시적으로 멈추는 농업방식

16 곤충 변태의 종류 중 1) 완전변태와 2) 무변태의 정의를 쓰시오.

정답

1) 완전변태 : 유충인 애벌레가 생식능력을 가진 성충으로 변하는 과정에서 알-애벌레-번데기-성충의 4단계를 거치는 것
2) 무변태 : 곤충의 성장 과정에서 모양은 변하지 않고 탈피하면서 크기만 커지는 것

17 풍해에 대비할 수 있는 재배적 대책 3가지를 쓰시오.

정답

- 내풍성 작물 선택
- 내도복성 품종 선택
- 조기재배 등을 통한 작기 이동
- 태풍이 불 때 논물을 깊이 대 도복과 건조 경감
- 배토와 지주 및 결속
- 질소질 비료를 줄여 웃자람을 줄이고 생육을 건실하게 함
- 사과의 경우 낙과방지제를 수확 25~30일 전 처리

18 다음은 한해에 대한 설명이다. (   )에 들어갈 알맞은 말을 쓰시오.

> • 상해 : 봄철 대기 중의 수증기가 승화해 (①)가 내리면 조직이 얼어붙어 파괴되는 저온피해가 발생한다.
> • (②) : 한겨울 저온에 의해 작물 조직 내 결빙에 의한 피해를 의미한다.

정답

① 서리, ② 동해

19 수목 가지치기 중 1) 지륭과 2) 지피융기선의 정의를 쓰시오.

정답

1) 지륭 : 가지를 지탱하기 위해 볼록하게 발달한 가지 밑살, 또는 가지 깃이라고도 한다.
2) 지피융기선 : 줄기와 가지 또는 두 가지가 서로 맞닿아서 생긴 주름살이다. 전지할 때 지피융기선과 지륭선을 파괴하지 않고 절단해야 유상조직(캘러스)이 빨리 형성되어 나무의 상처 부위의 분화구가 잘 형성된다.

20 바이러스의 전염병 방법 중 1) 즙액 전염과 2) 종자·꽃가루 전염의 정의를 쓰시오.

정답

1) 즙액 전염 : 물리적으로 안정화되어 있고 기주식물체 내에 높은 농도로 바이러스가 존재하고 있기 때문에 용이하게 전염되며 관리작업 시 손이나 작업도구에 즙액이 묻어 전염돼 작업 방향으로 일정하게 확산되는 경향을 보인다.
2) 종자·꽃가루 전염 : 종자 전염은 종자를 통해 식물에 바이러스가 전반되고, 꽃가루 전염은 바이러스에 감염된 꽃가루가 배에 들어가 감염을 일으킨다.

01 식물방역법상 역학조사의 정의를 쓰시오.

정답

'역학조사'란 병해충이 발생하였거나 발생할 우려가 있다고 인정되는 경우에 그 병해충의 예방 및 확산방지 등을 위하여 수행하는 다음의 활동을 말한다(식물방역법 제2조 제9호).
가. 병해충의 감염원 추적을 위한 활동
나. 병해충의 유입경로 규명을 위한 활동

02 물 20L당 유제 34mL의 비로 희석하여 액량 500mL로 살포하려 할 때 필요한 농약량(mL)을 구하시오.

정답

20L(20,000mL) : 34mL = 500mL : 농약량
∴ 농약량 = 34 × 500/20,000 = 0.85mL

03 다음 중 벤퓨러세이트, 비페녹스 입제가 속하는 종류를 골라 쓰시오.

살충제	살균제	제초제

정답

제초제

해설

기계이앙벼에 사용되는 일년생 및 다년생 제초제

04 다음은 가지치기에 대한 설명이다. (   )에 들어갈 알맞은 말을 쓰시오.

> • 자연표적 가지치기란 줄기와 가지의 결합 부위에 있는 (①)을 자연표적으로 가지나 줄기를 절단하는 가지치기를 말한다.
> • 가지치기의 적절한 시기는 (②) 상태에 있는 늦겨울이 적당하다.

정답

① 지피융기선, ② 휴면

해설

① 지피융기선과 지륭선을 파괴하지 않고 절단해야 유상조직(캘러스)이 빨리 형성되어 나무의 상처 부위의 분화구가 잘 형성된다.
② 가지치기의 적절한 시기는 휴면상태에 있는 늦겨울이 적당하다.

05 1) 음엽과 2) 양엽의 정의를 쓰시오.

정답

1) 음엽 : 그늘과 같이 비교적 약한 빛 아래에서 생장한 잎
2) 양엽 : 많은 햇빛을 받고 자란 잎

해설

1) 음엽 : 그늘과 같이 비교적 약한 빛 아래에서 생장한 잎으로 그늘잎이라고도 한다. 양지에서 발육한 잎(양엽)에 비해 두께가 얇고 면적이 넓다. 양엽에는 책상조직이 2~3층 있는 데 비해 음엽에는 1층밖에 없다. 반대로 해면조직(spongy parenchyma)은 잘 발달되어 있다. 엽록소 함량은 양엽보다 많은 경우가 대부분이지만, 단위면적당 동화량은 적다. 약한 빛 아래에서는 광합성 능력이 좋고 보상점은 음엽이 양엽보다 낮다. 기공의 수도 적고 개도도 낮으나, 동일한 개도의 양엽보다 증산량이 많다. 따라서 함수량이 많음에도 불구하고 큐티클층의 발달이 나쁘기 때문에 건조에 약하다. 한 나무 내에서 수관의 내부나 북쪽에 달린 잎은 음엽이 되기 쉽다.
2) 양엽 : 많은 햇빛을 받고 자란 잎이다. 높은 광도에서 광합성을 하는데 유리한 형질, 즉 큐티클층과 잎의 두께가 두껍고, 울타리 조직이 잘 발달되어 있으며, 크기는 비교적 작다.

06 1) 번데기의 형태 3가지와, 2) 무변태의 정의를 쓰시오.

정답

1) 번데기의 형태 : 피용, 나용, 위용
2) 무변태 : 곤충의 성장 과정에서 모양은 변하지 않고 탈피하면서 크기만 커지는 것

해설

• 번데기 형태
 – 피용 : 부속지가 몸에 붙은채로 번데기가 되어 다리 등을 따로 움직일 수 없다.
 – 나용 : 다리, 더듬이, 날개 등의 부속지가 몸과 구분되어 떨어져 있다.
 – 위용 : 겉모습이 번데기 같지만, 실제로는 번데기가 아닌 애벌레의 껍질이다.
• 무변태 : 탈피는 하지만 탈피하면서 겉모습에는 변화가 없고 크기만 커지는 것

07 다음에서 설명하는 해충을 쓰시오.

- 노린재목에 속하며, 학명은 *Aphrophora flavipes*이다.
- 크기는 8~10mm 정도이고 머리와 가슴은 암갈색, 배는 등황색이다.
- 5~6월경 새 가지에 기생하여 흡즙하며, 체표에 거품 모양의 물질을 분비한다.

정답

솔거품벌레

해설

- 형태
  - 성충의 몸길이는 8~10mm로 약간 편평하며 몸은 전체적으로 암갈색이지만 등쪽은 갈색으로 불규칙한 암갈색의 무늬가 있다.
  - 다 자란 약충의 몸길이는 4~5mm 정도이고, 머리와 가슴은 갈색 또는 암갈색이며 배쪽은 등황색이다.
- 피해
  - 5~6월경 새 가지에 기생하고, 체표에 거품 모양의 물질을 분비하여 거품벌레라고 부른다.
  - 약충은 거품 안에서 수액을 흡즙하며, 흡즙에 의한 생장저해 등 실제 피해는 적으나 거품덩어리 때문에 미관을 해친다.
  - 대발생하면 새 가지 1개에 5~6마리가 기생한다.

08 다음은 내동성 작물의 생리적 요인에 대한 설명이다. (   )에 들어갈 알맞은 말을 골라 쓰시오.

1) 세포 내 친수성 콜로이드의 함량이 많으면 내동성이 (증가 / 감소)한다.
2) 세포 내 원형질 점도가 낮으면 내동성이 (증가 / 감소)한다.

정답

1) 증가
2) 증가

해설

1) 원형질의 친수성 콜로이드(교질함량)가 많으면 세포 내의 결합수가 많아지므로 내동성이 증가한다.
2) 원형질의 점도가 낮고 연도가 높은 것이 기계적 견인력을 적게 받아 내동성이 증가한다.

09 1) 윤작과 2) 답전윤환의 정의를 쓰시오.

정답

1) 윤작 : 같은 토지에 동일한 작물을 연이어 재배하지 않고 다른 종류의 작물을 순차적으로 재배하는 방법
2) 답전윤환 : 논을 몇 해 동안씩 담수한 논상태와 배수한 밭상태로 돌려가면서 이용하는 것

10 관개 방법 중 1) 보더관개와 2) 다공관관개의 정의를 쓰시오.

정답

1) 보더관개 : 완경사의 포장을 알맞게 구획하고, 상단의 수로로부터 포장 전면에 물을 대는 방법
2) 다공관관개 : 파이프에 작은 구멍을 내어 살수하는 방법

해설

관개 방법
• 지표관개 : 일류관개, 보더관개(월류관개), 수반법, 고랑관개
• 살수관개 : 다공관관개, 스프링클러관개, 물방울관개
• 지하관개 : 개거법, 암거법, 압입법

11 다음은 농약 살포 방법 중 살분법에 대한 설명이다. (   )에 들어갈 알맞은 말을 쓰시오.

> 살분기를 이용하여 (①)을/를 살포하는 방법으로 분무법보다 약제 소요량이 (②).

정답

① 분제, ② 많다

해설

살분법은 분제 농약을 살포하는 방법으로 분무법보다 작업이 간편하고 용수가 필요 없으나 약제 소요량이 많고 방제 효과가 다소 떨어진다.

12 다음에서 설명하는 해충의 조사 방법을 쓰시오.

> 1) 산림지역에서 위성영상이나 무인항공기로 촬영한 항공사진 위성사진 등을 이용한 조사 방법
> 2) 주광성이 있고 활동성이 높은 성충을 대상으로 야간에 광원을 사용해 해충을 유인하는 채집 방법

정답
1) 원격탐사
2) 유아등

13 다음에서 설명하는 식물병명을 쓰시오.

- 학명은 *Mycosphaerella cerasella*이다.
- 벚나무에서 여름철 고온기에 많이 발생하는 병이다.
- 벌레가 잎을 파먹은 듯 구멍이 생기는 특징이 있다.
- 갈색 점무늬가 뭉쳐 큰 구멍이 나기도 하며, 잎마름 증상을 보인다.

정답
갈색무늬구멍병

해설
- 잎에 갈색의 둥근 반점이 있고 반점이 탈락한 구멍이 있다.
- 약해 피해도 이와 유사한 증상을 나타내므로 약제사용 여부를 파악한다.

14 다음 (　)에 들어갈 알맞은 말을 쓰시오.

> - (①)는 세포가 비상적으로 분열하여 변형조직이 생기는 현상이다.
> - (②)은 잎자루, 잎맥의 윗부분이 아랫부분보다 더 많이 자라서 잎이 아래로 처지거나 쭈글쭈글 오그라드는 현상이다.

정답
① 분열조직 활성화, ② 상편생장

15 광 관리에서 1) 최적엽면적과 2) 군락상태의 정의를 쓰시오.

정답

1) 최적엽면적 : 건물 생산이 최대로 되는 단위면적당 군락엽면적을 말한다.
2) 군락상태 : 재배지의 작물과 같이 잎과 줄기가 서로 엉키고 겹쳐서 많은 수의 잎이 직사광을 받지 못하고 그늘이 지는 상태를 말한다.

16 풍해에 대비할 수 있는 재배적 대책 5가지를 쓰시오.

정답

• 내풍성 작물 선택
• 내도복성 품종 선택
• 조기재배 등을 통한 작기 이동
• 태풍이 불 때 논물을 깊이 대 도복과 건조 경감
• 배토와 지주 및 결속
• 질소질 비료를 줄여 웃자람을 줄이고 생육을 건실하게 함
• 사과의 경우 낙과방지제를 수확 25~30일 전 처리

17 다음은 식물바이러스 확인 방법 중 침지법에 대한 설명이다. (   )에 들어갈 알맞은 말을 쓰시오.

바이러스 감염이 의심되는 (①)을 절단하여 나오는 즙액을 1~2% (②) 용액으로 염색하여 전자현미경으로 바이러스를 관찰하는 방법이다.

정답

① 잎, ② 인산텅스텐산 용액

해설

침지법(DN) : 바이러스에 감염된 잎을 염색해 관찰하는 방법으로, 바이러스 감염 여부를 1차적으로 검정하는 데 유효하다.

18 다음은 저온장해에 대한 설명이다. (   )에 들어갈 알맞은 말을 골라 쓰시오.

> 1) 초본식물은 저온에서 유도될 때 ABA (증가 / 감소)한다.
> 2) 온도가 0℃ 이하로 내려가면 (세포 외 / 세포 내 간극)부터 얼기 시작한다.

정답
1) 증가
2) 세포 내 간극

해설
1) 초본식물은 저온에서 ABA가 증가한다.
2) 온도가 0℃ 이하로 내려가면 세포 내 간극부터 얼기 시작하는데 이를 동해라 한다.

19 대기오염원 중 확산형 오염물질의 정의를 서술하시오.

해설

대기 중의 황산화물, 질소산화물, 오존, 미세먼지, 초미세먼지 등과 같이 넓은 범위로 퍼지는 형태의 오염물질

20 토양수분의 종류 중 1) 모관수와 2) 중력수의 정의를 쓰시오.

해설

1) 모관수 : 표면장력 때문에 토양공극 내에서 중력에 저항하여 유지되는 수분으로 모세관현상에 의해 지하수가 토양공극을 따라 상승하여 공급 되며 pF 2.7~4.5로 작물이 주로 이용하는 수분
2) 중력수 : 중력에 의해 흐르는 수분으로 토양 포화 후 1~2일 빠져나가는 수분

01 윤작의 이점 5가지를 쓰시오.

정답

- 지력의 유지 및 증진
- 토양보호
- 기지의 회피
- 병충해 및 잡초의 경감
- 수량 증대
- 토지이용도의 향상
- 노동력 분배의 합리화

02 농약 분류에서 살충제의 종류 5가지를 쓰시오.

정답

접촉제, 훈증제, 기피제, 유인제, 점착제, 침투성 살충제

해설

살충제의 종류

- 소화중독제(식독제) : 해충이 약제를 먹으면 중독을 일으켜 죽이는 약제로 저작구형(씹어 먹는 입)을 가진 나비류 유충, 딱정벌레류, 메뚜기류에 적당함
- 접촉제 : 피부에 접촉 흡수시켜 방제
- 침투성 살충제 : 잎, 줄기 또는 뿌리부로 침투되어 흡즙성 해충에 효과가 있으며 천적에 대한 피해가 없음
- 훈증제 : 유효성분을 가스로 해서 해충을 방제하는 데 쓰이는 약제
- 기피제 : 농작물 또는 기타 저장물에 해충이 모이는 것을 막기 위해 사용하는 약제
- 유인제 : 해충을 유인해서 제거 및 포살하는 약제
- 불임제 : 해충의 생식기관 발육저해 등 생식능력이 없도록 하는 약제
- 점착제 : 나무의 줄기나 가지에 발라 해충의 월동 전후 이동을 막기 위한 약제
- 생물농약 : 살아있는 미생물, 천연에서 유래된 추출물 등을 이용한 생물적 방제 약제

03 토양수분조절 중 드라이파밍에 대해 쓰시오.

정답

수분을 절약하는 농업으로 인위적 관개시설에 의존하지 않고, 자연적인 강수량에 의존하여 재배하는 방법으로 휴작기에 비가 올 때 땅을 깊게 갈아 빗물을 저장하고 작기에 토양을 진압한 후 표토는 중경하여 모세관이 연결되지 않게 함으로써 지표면으로 증발을 억제하는 내건성 농법

04 냉해의 종류 3가지를 쓰시오.

정답

지연형 냉해, 장해형 냉해, 병해형 냉해

해설

- 지연형 냉해 : 생육 초기에서 출수기까지 여러 시기에 저온을 만나 등숙이 지연되어 후기의 냉온에 의해 등숙불량이 나타나는 현상이 발생한다.
- 장해형 냉해 : 유수형성기에서 출수개화기까지 특히 수잉기의 생식 세포감수분열기의 냉온에 의해 화분이나 배낭의 생식기관이 정상적으로 형성되지 못하거나 수정장해 발생하는 현상
- 병해형 냉해 : 저온 조건에서 증산작용이 줄어 규산과 같은 양분 흡수가 줄어들면 표면의 규질화 불량 등으로 도열병균 등 병원균 침입이 용이해지고 광합성도 줄어 체내 질소화합물이 축적되면서 도열병균 등의 번식이 쉬워 벼 병 발생이 많아지는 현상

05 대기환경에서 이산화탄소의 농도에 관여하는 요인 3가지를 쓰시오.

정답

식생, 바람, 계절, 지면과의 거리

06 풍해로 인하여 발생하는 작물의 생리적 장해 3가지를 쓰시오.

정답

- 도복(쓰러짐) 피해 발생
- 호흡이 증가하여 저장양분의 소모가 증가
- 상처 발생 후 건조하게 되면 광산화반응에 의해 고사
- 작물에 상처가 발생하고 병원균 침입에 의한 병 발생

07 토양의 입단형성 방법 3가지를 쓰시오.

정답

- 유기물의 시용
- 석회의 시용
- 토양의 피복
- 두과작물의 재배
- 토양개량제 사용

08 1) 병징(symptom)과 2) 표징(sign)의 정의를 쓰시오.

정답

1) 병징 : 식물체가 어떤 원인에 의하여 그 식물체의 세포, 조직, 기관에 이상이 생겨 외부형태에 어떤 변화가 나타나는 반응으로 상대적인 개념
2) 표징 : 병원체가 병든 식물의 표면에 나타나서 눈으로 가려낼 수 있을 때, 곰팡이, 균핵, 점질물, 이상 돌출물 등으로 비전염성병이나 바이러스병, 바이로이드, 파이토플라스마병은 표징을 기대하기 어렵다.

09 광 관리에서 최적엽면적의 정의를 쓰시오.

정답

건물 생산이 최대로 되는 단위면적당 군락엽면적

해설

최적엽면적을 높이면 수량도 증대되고 일사량이 많고 수광태세가 좋을수록 최대엽면적 지수는 증가한다.

10 다음 중 내한성 식물을 골라 쓰시오.

자작나무	소나무	배롱나무	자목련

정답

소나무, 자작나무

11 다음 중 클로르피리포스가 속하는 종류를 골라 쓰시오.

살충제	살균제	제초제

정답

살충제

12 적산온도의 정의를 쓰시오.

정답

작물이 일생을 마치는 데 소요되는 총온량으로, 작물의 발아로부터 성숙에 이르기까지 0℃ 이상의 일평균기온를 합산

13 해충의 방제에 이용되는 <u>1) 포식성 천적</u>과 <u>2) 기생성 천적</u>의 정의를 쓰시오.

정답

1) 포식성 천적 : 살아있는 곤충을 잡아먹는 천적
2) 기생성 천적 : 다른 곤충에 기생 생활을 하는 천적

해설

천적의 종류
- 포식성 천적 : 풀잠자리, 딱정벌레, 노린재, 됫박벌레, 무당벌레, 사마귀 등
- 기생성 천적 : 침파리, 고치벌, 맵시벌 등

14 식물병 진단법 중에서 생물학적 진단법 2가지를 쓰시오.

정답

지표식물법, 즙액접종법, 최아법, 박테리오파지법

15 습해를 방지하기 위한 대책 3가지를 쓰시오.

정답

- 배수시설을 정비하거나 설치한다.
- 질소질 비료의 과용을 피하고 칼륨 및 인산질비료를 충분히 공급한다.
- 내습성 작물 및 품종을 선택한다.
- 세사를 객토하거나 토양개량제를 사용한다.

16 농약의 잔류성에 관여하는 요인 3가지를 쓰시오.

정답

- 작물 표면의 형태
- 작물의 성장 속도
- 전착제의 첨가 여부
- 농약의 잔류 부위
- 농약의 안정성

17 다음에서 설명하는 식물병명을 쓰시오.

> - 학명은 *Elsinoe ampelina*이다.
> - 잎, 열매, 줄기 덩굴손에 발생한다.
> - 열매는 작고 둥근 무늬가 생기며 병반이 약간 움푹 들어간다.
> - 잎은 작은 반점이 흑색 반점으로 확대된다.

정답

새눈무늬병

해설

다습한 조건인 봄부터 이른 여름 사이에 비가 많이 올 때 발생이 심하기에 비가림 재배를 하고, 생육기 새가지가 5cm 정도 자란 시기부터 장마철까지 적용약제를 살포한다.

18 다음에서 설명하는 해충을 쓰시오.

> - 학명은 *Sipalinus gigas gigas*이다.
> - 몸은 검고 회갈색의 가루로 덮혀 있다.
> - 앞가슴등판 중앙에 세로줄이 있으며 작은 돌기가 많이 있다.

정답

왕바구미

해설

몸길이 15~35mm로 국내 서식 바구미류 중 가장 크다.

19 식물병을 일으키는 병원균의 종류 3가지를 쓰시오.

정답

세균, 바이러스, 바이로이드, 진균, 파이토플라스마

20 물 20L당 유제 10mL의 비로 희석하여 액량 500mL로 살포하려 할 때 필요한 농약량(mL)을 구하시오.

정답

20,000mL : 10mL = 500mL : 농약량
∴ 농약량 = 10 × 500/20,000 = 0.25mL

01 1) 광보상점과 2) 광포화점의 정의를 쓰시오.

정답

1) 광보상점 : 호흡에 의한 이산화탄소의 방출속도와 광합성에 의한 이산화탄소의 흡수속도가 같아지는 때, 즉 외견상광합성이 0이 되는 상태의 광도이다.
2) 광포화점 : 광도를 높일수록 광합성의 속도가 증가하는데 광도를 더 높여주어도 광합성량이 더 이상 증가하지 않는 광의 강도를 말한다.

02 내습성 작물의 특징 2가지를 쓰시오.

정답

- 경엽에서 뿌리로 산소를 공급하는 통기조직이 발달하여 산소를 잘 공급할 수 있다.
- 뿌리조직의 목화정도가 크며 이로인해 환원성 유해물질의 침입을 막는다.
- 뿌리가 얕게 발달하여 부정근의 발생력이 높다.
- 황화수소와 같은 환원성 유해물질에 대한 저항성이 높다.

03 관개 방법 중 1) 점적관개와 2) 압입법의 정의를 쓰시오.

정답

1) 점적관개 : 지하에 일정 간격으로 구멍이 나 있는 플라스틱파이프나 튜브를 배치하여 소량씩 물을 주는 방법
2) 압입법 : 뿌리가 깊은 과수 주변에 구멍을 뚫고 물을 주입하거나 기계적으로 압입하는 방법

04 윤작 방법 중 개량3포식 농법의 정의를 쓰시오.

정답

3포식 농법의 휴한지에 클로버 등의 두과 녹비작물을 재식해 지력의 증진을 도보하는 방식을 말한다.

해설

윤작 방법
- 3포식 : 포장을 3등분해 경지의 2/3에는 춘파 또는 추파의 곡물을 재식하고 나머지 1/3은 휴한하는 것으로 순차적으로 교체하는 방식이다. 윤작의 시초이며 초기의 지력유지책으로 실시한다.
- 개량3포식 : 3포식 농법의 휴한지에 클로버 등의 두과 녹비작물을 재식해 지력의 증진을 도보하는 방식을 말한다.
- 노포크식 : 연차로 한 가지의 주작물을 연작한다.

05 풍해에 대비할 수 있는 재배적 대책 3가지를 쓰시오.

정답

- 내풍성 작물 선택
- 내도복성 품종 선택
- 조기재배 등을 통한 작기 이동
- 태풍이 불 때 논물을 깊이 대 도복과 건조 경감
- 배토와 지주 및 결속
- 질소질 비료를 줄여 웃자람을 줄이고 생육을 건실하게 함
- 사과의 경우 낙과방지제를 수확 25~30일 전 처리

06 열해에 대비할 수 있는 재배적 대책 3가지를 쓰시오.

정답

- 내열성 작물의 선택
- 피복을 통한 지온 상승 억제
- 관개
- 재배시기의 조절
- 밀식재배 회피
- 질소질 비료의 과용 금지
- 경화(hardening)

07 1) 내부기생성 천적과 2) 외부기생성 천적의 정의를 쓰시오.

정답

1) 내부기생성 천적 : 대부분 긴 산란관으로 기주의 체내에 알을 낳고 부화한 유충이 기주의 체내에서 기생, 먹좀벌류와 잔디벌류 등
2) 외부기생성 천적 : 기주의 체외에서 영양을 섭취하여 기생하는 곤충으로 소나무재선충의 매개충인 솔수염하늘소의 천적인 개미침벌, 가시고치벌 등

08 대기의 조성 중 질소, 산소, 이산화탄소의 비율(%)을 쓰시오.

정답

질소 약 78%, 산소 약 21%, 이산화탄소 0.04%

해설

지구의 대기는 질소 약 78%, 산소 약 21%, 아르곤 약 0.93%, 이산화탄소 약 0.04%이다. 이산화탄소는 지구온난화로 기존 0.035% 보다 높아졌다.

09 다음에서 설명하는 식물병 진단 방법을 쓰시오.

1) 병든 부분을 해부하여 조직 속의 이상현상이나 병원체의 존재를 밝히는 방법
   예 참깨세균성 시들음병 : 유관 속 갈변
      *Fusarium*에 의한 참깨시들음병 : 유관 속 폐쇄
2) 이미 알고 있는 병원세균이나 병원바이러스의 항혈청(anti-serum)을 만들고, 여기에 진단하려는 병든 식물의 즙액이나 분리된 병원체를 반응시켜서 병원체를 조사하는 방법으로 감자 X모자이크병, 보리 줄무늬모자이크병의 간이진단법, 벼 줄무늬바이러스병의 보독충 검정 등에 이용

1) 해부학적 진단
2) 혈청학적 진단

식물병 진단 방법

눈에 의한 진단	• 병징이나 표징을 보고 병이름을 판단하는 방법이다. • 육안적 진단에서 표징은 절대적이며, 진단에 결정적인 역할을 한다.
해부학적 진단	• 병든 부분을 해부하여 조직 속의 이상현상이나 병원체의 존재를 밝히는 방법 　– 참깨 세균성시들음병 : 유관 속 갈변 　– *Fusarium*에 의한 참깨 시들음병 : 유관 속 폐쇄 • 그람염색법 : 대부분의 식물병원균은 그람음성으로 그람염색법을 이용해 감자 둘레썩음병 등 그람양성 병원균을 진단 • 침지법(DN) : 바이러스에 감염된 잎을 염색해 관찰하는 방법으로, 바이러스 감염 여부를 1차적으로 검정하는 데 유효함 • 초박절편법(TEM) : 바이러스 이병 조직을 아주 얇게 잘라 전자현미경으로 관찰 • 면역전자현미경법 : 혈청반응을 전자현미경으로 관찰, 반응 민감도가 높고 병원체의 형태와 혈청반응을 동시에 관찰
병원적 진단	인공접종 등의 방법을 통해 병원체를 분리·배양·접종해서 병원성을 확인하는 방법(코흐의 원칙)
물리· 화학적 진단	• 병든 식물의 이화학적 변화를 조사하여 병의 종류를 진단 • 감자 바이러스병에 진단 시 감염된 즙액에 황산구리를 첨가해 즙액의 착색도와 투명도를 검사하는 황산구리법이 있다.
혈청학적 진단	이미 알고 있는 병원세균이나 병원바이러스의 항혈청(Anti-serum)을 만들고, 여기에 진단하려는 병든 식물의 즙액이나 분리된 병원체를 반응시켜서 병원체 조사, 감자 X모자이크병, 보리 줄무늬모자이크병의 간이 진단법, 벼 줄무늬바이러스병의 보독충 검정 등에 이용한다. • 슬라이드법 : 슬라이드 위에서 항혈청과 병원체를 혼합시켜 응집 반응 조사 • 한천겔 확산법(AGID) : 바이러스 이병 즙액에 대한 한천겔 내의 침강반응을 이용하며 대량검정용으로는 부적절하다. • 형광항체법 : 항체와 형광색소를 결합해 항원이 있는 곳을 알아내는 방법으로 종자 표면의 바이러스, 매개충 체내의 바이러스, 토양 중의 세균 검출 및 확인에 이용 → 관찰에는 형광현미경 등이 사용된다. • 직접조직프린트면역분석법(DTBIA) : 병원균에 감염된 식물 조직의 단면을 염색액과 항혈청에 반응시킨 다음 발색시켜 결과를 판정 → 민감성, 수월성, 신속성, 정확성이 뛰어나고 대량 처리가 가능하다. • 적혈구응집반응법 : 식물체에 적혈구를 처리했을 때 바이러스 등 세포응집소나 항체에 의해서 적혈구가 응집되는 현상을 이용하는 방법 • 효소결합항체법(ELISA) : 항체에 효소를 결합시켜 바이러스와 반응했을 때 노란색이 나타나는 정도로 바이러스 감염여부를 확인 → 대량의 시료를 빠른 시간 내에 비교적 저렴한 가격으로 동정할 수 있는 장점
생물학적 진단	• 지표식물에 의한 진단 : 특정의 병원체에 대하여 고도의 감수성이거나 특이한 병징을 나타내는 지표식물을 병의 진단에 이용한 진단법 • 최아법에 의한 진단 : 싹을 틔워서 병징을 발현시켜 발병 유무를 진단, 감자 바이러스병 진단에 이용 • 박테리오파지에 의한 진단 • 병든 식물 즙액접종법 • 혐촉반응에 의한 진단 : 대치배양 • 유전자에 의한 진단 : 뉴클레오티드의 GC 함량, DNA-DNA 상동성 및 리보솜 RNA의 염기배열

10 다음 중 사이퍼메트린 유제가 속하는 종류를 골라 쓰시오.

살충제	살균제	제초제

정답

살충제

해설

과수잎말이나방 방제용 살충제(상품명 : 피레스)

11 다음에서 설명하는 식물병명을 쓰시오.

- 학명은 *Stagonospora maackiae*이다.
- 감염 시 잎이 일찍 떨어져 수세가 약해진다.
- 발생 초기 작은 갈색반점을 형성, 이후 확대되면서 중앙부는 회백색을 띤다.

정답

다릅나무회색무늬병

12 다음에서 설명하는 해충을 쓰시오.

- 나비목으로, 학명은 *Papiliio xuthus*이다.
- 애벌레가 운향과나 산향과 잎을 먹는다.
- 귤나무, 탱자나무, 황벽나무, 산초나무 등에 산란한다.

정답

호랑나비

13 다음에서 설명하는 현상을 쓰시오.

> 1) 작물의 내동성은 기온이 내려가면서 증대되는데 5℃ 이하의 기온에 계속 처하게 되면 내동성이 증대되는 현상
> 2) 경화된 상태에서 다시 높은 온도에 처리하게 되면 내동성이 약해지는 현상

정답
1) 경화(hardening)
2) 경화상실(디하드닝)

14 다음 중 1) 최적온도가 가장 높은 작물과 2) 최저온도가 가장 낮은 작물을 각각 골라 쓰시오.

> 호밀   귀리   벼

정답
1) 벼
2) 호밀

해설
• 최적온도가 가장 높은 작물 : 멜론, 삼, 오이, 옥수수, 벼
• 최저온도가 가장 낮은 작물 : 삼, 호밀, 완두
※ 작물의 생육적온(℃)

구분	최저온도	최적온도	최고온도
호밀	1~2	25	30
귀리	4~5	25	30
벼	10~12	30~32	36~38

15 다음 (   )에 들어갈 알맞은 말을 쓰시오.

> (①) 수간주사는 압력을 가하지 않고 약액을 넣는 방법으로, 수액이 활발한 4월 초순에서 10월 초 생육기간에 주로 시행하고, (②)은 일정한 압력으로 약액을 밀어 넣는 방법으로 연중 어느 시기든 가능하다.

정답
① 중력식
② 압력식(유압식)

16 재배관리 중 토양침식의 정의를 쓰시오.

정답

물이나 바람에 의해 표토의 일부분이 원래의 위치에서 분리되어 다른 곳으로 이동되어 유실되는 현상

17 정지 중 배상형에 대해 서술하시오.

정답

주간을 일찍 잘라 짧은 원줄기에 3~4개의 주지를 발생시켜 수형이 술잔 모양이 되도록 하는 수형이다.

해설

배상형

1950년대까지 우리나라와 일본에서 복숭아나무에 많이 이용하였던 수형이다. 수고가 낮아 관리가 편하고 수관 내 통풍과 통광이 좋지만, 과실의 무게로 주지의 부담이 커서 가지가 늘어지기 쉬워 결과수가 줄어들고 기계작업이 곤란하며 쉽게 찢어지는 단점이 있다.

18 물 20L당 유제 13mL의 비로 희석하여 액량 500mL로 살포하려 할 때 필요한 농약량(mL)을 구하시오(단, 소수점 셋째자리에서 반올림할 것).

정답

20L(20,000mL) : 13mL = 500mL : 농약량
∴ 농약량 = 13 × 500/20,000 = 0.325 = 약 0.33mL

19 해충 방제 방법 중 물리적 방제법 3가지를 쓰시오.

정답

토양소독, 태양열 소독, 침수처리, 종자소독(냉수온탕침법), 유아등(등화유살), 감압법, 초음파법, 방사선조사, 포살, 차단(비닐 피복, 과실 봉지 씌우기, 한랭사 씌우기) 등

20 비생물성 식물병의 원인 중 환경적 스트레스의 종류 3가지를 쓰시오.

정답

온도, 수분, 공기, 빛, 대기오염, 양분 결핍, 토양광물질, 제초제 등

해설

비생물성 병원에 의한 식물병

구분	대표적 피해증상
온도, 수분, 공기, 빛	• 고온 피해 : 일소현상(고온으로 갈변하거나 물 번진 듯한 무늬 형성) • 저온 피해 : 냉해나 동해 • 낮은 상대습도 : 시들음, 반점, 낙엽현상 • 높은 상대습도 : 침수에 의한 고사 • 고온에서 토양산소 부족으로 뿌리 활력 저하 • 빛 부족에 의한 웃자람 등
대기오염	• 아황산 : 잎의 기공을 통해 흡입됨, 식물체에 가장 치명적인 대기오염 물질, 스모그의 주된 구성 물질 • 에틸렌 : 식물생장 위축, 비정상적인 잎 발생 등 피해, 식물 호르몬제로도 이용
양분 결핍	• 질소(N) : 아래 잎들이 누렇게 또는 옅은 갈색으로 변함 • 인(P) : 줄기가 짧고 가늘며 꼿꼿하게 서고 길쭉함 • 칼륨(K) : 벼 적고병, 보리 흰무늬병 등 • 칼슘(Ca) : 토마토 배꼽썩음병 • 붕소(B) : 무·배추 속썩음병, 사과 축과병, 갈색 속썩음병, 담배 윗마름병
토양광물질	• 토양 중 중금속에 의한 직접적 피해 • 양분 상호 간의 길항작용에 의한 양분 흡수 저해 등
제초제	• 제초제 과용에 의한 직간접적 피해

01 작물의 생육에서 수분의 기능 5가지를 쓰시오.

정답

영양소 운반, 광합성 촉진, 세포 구조 유지, 온도 조절, 생리작용

해설

- 영양소 운반 : 물은 식물 내부에서 영양소와 무기질을 운반하는 주요 매개체. 뿌리에서 흡수한 영양분과 물은 관다발 세포를 통해 식물 전체로 이동
- 광합성 촉진 : 광합성 과정에서는 물이 양성자와 전자를 제공하여 산소를 생성하며, 이 과정을 통해 식물은 에너지를 얻음
- 세포 구조 유지 : 세포 내 수분은 식물 세포의 팽압을 유지하여 세포 구조를 지탱
- 온도 조절 : 증산 작용을 통해 과도한 열을 식물 표면에서 제거하고, 여름철 고온 환경에서 식물이 탈수 및 탈진되지 않도록 보호
- 생리작용 : 물은 다양한 생리학적 과정에 필수적인 역할 – 세포의 수분 균형을 조절하며, 대사 과정에서 반응물 및 매개체로 작용

02 다음에서 설명하는 작용을 쓰시오.

1) 병원균이 단백질에 부착하여 세균증식에 필요한 DNA 또는 RNA 합성을 방해하여 세포의 유전 정보전달에 필요한 과정을 방해한다. 이로 인해 세균의 증식이 막히고, 세포의 생존이 어려워지는데 단백질 형성이 억제되고, 세균 성장이 억제된다. 내성이 생긴 병원균에는 약효가 떨어진다.
2) 세균은 세포벽이란 구조로 둘러싸여 있으며, 세균에 생존하는 필수적인 기능을 하는 세포벽의 각 합성단계에서 합성이 억제되면 세균은 파괴된다. 주로 증식 중인 세균에만 작용하고, 세포벽이 없는 세균에는 영향을 미치지 않으며, 살균제가 듣지 않게 된 병원균에는 약효가 없어진다.

정답

1) 핵산 합성 저해
2) 세포벽 생합성 저해

03 농약에서 계면활성제의 역할 5가지를 쓰시오.

> **정답**

습윤작용, 침투작용, 흡착작용, 분산작용, 보호작용

04 물 20L당 유제 10.5mL의 비로 희석하여 액량 500mL로 살포하려 할 때 필요한 농약량(mL)을 구하시오(단, 소수점 셋째자리에서 반올림할 것).

> **정답**

20,000mL : 10.5mL = 500mL : 농약량
∴ 농약량 = 10.5 × 500/20,000 = 0.26mL

05 다음에서 설명하는 해충을 쓰시오.

- 나비목 명나방과로, 학명은 *Glyphodes perspectalis*이다.
- 연 2~3회 발생하며, 유충 상태로 월동한다.
- 유충은 황록색이고 배선은 암록색이며, 아배선에 2개의 검은 혹이 있다.

> **정답**

회양목명나방

> **해설**

회양목명나방(*Glyphodes perspectalis*)
- 유충이 거미줄을 토하여 회양목 잎을 묶고 그 속에서 잎을 먹는다.
- 1년에 2~3회 발생한다.
- 유충은 5월과 8월 상순에 다수 발생한다.
- 방제는 유충의 발생 초기에 메프 수화제 등을 2회 정도 뿌린다.

06 다음은 해충의 방제에 이용되는 천적에 대한 설명이다. (   )에 들어갈 알맞은 말을 쓰시오.

> • (①) 천적 : 살아있는 곤충을 잡아먹는 천적
> • (②) 천적 : 다른 곤충에 기생 생활을 하는 천적

정답

① 포식성, ② 기생성

해설

천적의 종류
• 포식성 천적 : 풀잠자리, 딱정벌레, 노린재, 됫박벌레, 무당벌레, 사마귀 등
• 기생성 천적 : 침파리, 고치벌, 맵시벌 등

07 다음에서 설명하는 식물병명을 쓰시오.

> • 학명은 *Septocylindrium rhois* Sawada이다.
> • 잎에 1~3mm 정도의 갈색의 모난 반점이 흩어지거나 모여서 나타난다.

정답

붉나무 모무늬병

해설

• 병징·표징
  – 병반은 잎에 1~3mm 정도의 갈색의 모난 반점이 흩어지거나 모여서 나타난다.
  – 얼마 후 반점은 회백색으로 되며 건전부와 병반의 경계는 적갈색~농갈색으로 되어 뚜렷하게 구분된다.
  – 반점이 형성된 잎의 표면과 뒷면에는 쥐색의 털과 같은 것[분생자병(分生子柄), 분생포자(分生胞子)]이 형성되나 특히 뒷면에 많이 나타난다.
• 병원균
  – 분생자병은 주로 잎의 뒷면에 생긴 반구형의 자좌(子座)에서 뻗으며, 보통 크기는 20×4μm이지만 간혹 300μm까지 자라는 것도 있다.
  – 분생자병의 격막부분에 5μm 정도의 돌기가 형성되며 그 끝에 분생포자가 정생(頂生)한다.
  – 분생포자는 무색~미색으로 균사는 가느다란 원주모양이며 끝은 둥글고 크기는 60~115×3~3.5(72.5×3.0)μm이다.
  – 격막은 4~10개이나 6~8개인 것이 대부분이다.
• 방제 : 병든 낙엽은 모아서 태우고, 매년 발생하는 곳에서는 4-4식보르도액이나 동수화제를 발생 초기에 2~3회 살포한다.

08 다음 중 코퍼설페이트베이식 수화제가 속하는 종류를 골라 쓰시오.

살충제	살균제	제초제

정답

살균제

해설

과수 화방병 방제 등에 사용되는 살균제(상품명 : 네오보르도)

09 토양의 화학적 성질 중 1) 활산성과 2) 잠산성의 정의를 쓰시오.

해설

1) 활산성 : 토양용액 중에 존재하는 수소이온(H^+)에 의한 산성을 말한다.
2) 잠산성 : 토양교질물(점토광물, 부식)에 흡착된 수소이온(H^+)과 알루미늄이온(Al^{3+})에 의한 산성으로 치환산성이라고 도 한다.

10 윤작의 이점 5가지를 쓰시오.

정답

• 지력의 유지 및 증진
• 토양보호
• 기지의 회피
• 병충해 및 잡초의 경감
• 수량 증대
• 토지이용도의 향상
• 노동력 분배의 합리화

11 다음은 해충의 방제 방법에 대한 설명이다. (   )에 들어갈 알맞은 말을 쓰시오.

(①) 방제는 온도·습도조절, 압력, 색깔, 이온화에너지 등을 이용하여 해충을 방제하는 방법이다. 그 중에서 등화유살법은 곤충이 밤에 빛을 따라가는 성질, 즉 (②)을 이용한 방법이다.

정답

① 물리적, ② 주광성

12 다음에서 설명하는 살균제 저항성의 원인을 쓰시오.

> 1) 작용점 유전자의 돌연변이로 발생하는 저항성
> 2) 다양한 유전적 메커니즘이 복합적으로 작용하여 발생하는 저항성

정답

1) 질적저항성
2) 양적저항성

해설

1) 질적저항성 : 살균제는 특정 단백질이나 효소(작용점)에 결합하여 병원균의 생장을 억제하는데, 작용점 유전자에 돌연변이가 발생하여 살균제 결합이 어려워져 저항성이 발생한다.
2) 양적저항성 : 작용점 유전자 돌연변이 외에도 살균제 대사 효소의 활성 증가, 살균제 세포 내 유입 감소, 세포 내 살균제 격리 등 다양한 기작이 관여하여 발생한다.

13 다음 (   )에 들어갈 알맞은 말을 쓰시오.

> • 뿌리의 피층세포가 직렬로 되어있는 것이 세포의 간극이 (①).
> • 뿌리조직이 목화한 것은 (②) 유해물질의 침입을 막아서 내습성이 크다.

정답

① 크다, ② 환원성

해설

① 뿌리의 피층 세포가 직렬로 되어있는 것이 세포의 간극이 커서 뿌리에 산소를 공급하는 능력이 크다.
② 뿌리조직의 목화는 세포벽에 리그닌이 축적되어 단단한 목질을 이루는 현상으로 환원성 유해물질의 침입을 막아 내습성을 강하게 함

14 해충 간접조사 방법 중 1) 쿼드라법과 2) 타락법을 설명하시오.

정답

1) 쿼드라법 : 일정한 크기의 쿼드렛(사각형주사구)를 설치하여 곤충을 직접 조사하는 방법
2) 타락법 : 일정한 힘으로 수목을 쳐서 떨어지는 곤충을 조사하는 방법

15 다음에서 설명하는 진단법을 쓰시오.

> 1) 현미경이나 육안으로 조직 내부 및 외부에 존재하는 병원균의 형태 또는 조직 내부의 변색 식물 세포 내의 X-체 검사, 유출검사 등이 있다.
> 2) 항혈청을 이용한 진단법으로 항혈청을 먼저 만든 다음 이것을 진단하려는 식물즙액이나 분리한 병원체와 반응시켜 이미 알고 있는 병원체와 같은 것인지 조사하는 방법

정답

1) 해부학적 진단
2) 면역학적 진단(항혈청적 진단) 방법에 대한 문제

16 다음은 풍해로 인해 발생하는 생리적 장해에 대한 설명이다. ( )에 들어갈 알맞은 말을 쓰시오.

> 풍속이 2~4m/s 이상으로 빨라지면 (①)이 닫혀 이산화탄소의 흡수가 감소되므로 광합성이 감퇴하며, 상처가 나서 호흡이 (②)하면 체내 양분의 소모가 증가하고 상처가 마르며 고사하게 된다.

정답

① 기공, ② 증가

해설

풍속이 2~4m/s 이상으로 빨라지면 기공이 닫혀 이산화탄소의 흡수가 감소되므로 광합성이 감퇴하며, 상처가 나서 호흡이 증가하면 체내 양분의 소모가 증가하고 상처가 마르는 과정에서 광산화 반응을 일으켜 고사하게 된다.

17 다음은 대기의 조성에 대한 설명이다. ( )에 들어갈 알맞은 비율을 골라 쓰시오.

> 1) 대기 중 산소가 (21 / 16 / 8)% 이상이면 작물재배에 적합하다.
> 2) 대기 중 질소는 (78 / 21 / 8)%이다.

정답

1) 21
2) 78

해설

지구의 대기는 질소 약 78%, 산소 약 21%, 아르곤 약 0.93%, 이산화탄소 약 0.04%이다. 이산화탄소는 지구온난화로 기존 0.035% 보다 높아졌다.

18 다음은 식물의 광 관리에 대한 설명이다. ( )에 들어갈 알맞은 말을 쓰시오.

> • 자외선과 같은 단파장의 광은 식물의 신장을 (①)한다.
> • 외견상광합성량이 0이 되는 광도를 (②)이라 한다.

정답

① 억제, ② 보상점

해설

① 자외선과 같은 단파장의 식물의 신장을 억제하고, 광 부족이나 자외선의 투과가 적은 환경에서는 도장하기 쉽다.
② 호흡에 의한 이산화탄소의 방출속도와 광합성에 의한 이산화탄소의 흡수속도가 같아지는 때, 즉 외견상광합성이 0이 되는 상태의 광도를 보상점이라 한다.

19 다음은 내동성 작물의 형태적 요인에 대한 설명이다. ( )에 들어갈 알맞은 말을 골라 쓰시오.

> 1) 포복성 작물이 직립성 작물보다 내동성이 (크다 / 작다).
> 2) 생장점이 깊으면 내동성이 (크다 / 작다).

정답

1) 크다
2) 크다

20 다음은 작물의 동사기구에 대한 설명이다. ( )에 들어갈 알맞은 말을 쓰시오.

> 수분 투과성이 낮은 세포에서는 (①)이 신장하여 끝이 뾰족하게 되고, 원형질 내부로 침입하여 세포 원형질 내부에 결빙을 유발하는데, 이를 (②)이라고 한다.

정답

① 세포 외 결빙, ② 세포 내 결빙

해설

작물의 동사기구
• 세포간극에 먼저 결빙이 생기는 것을 세포 외 결빙이라 한다.
• 수분의 투과성이 낮은 세포에서는 세포외결빙이 신장하여 끝이 뾰족하게 되고, 원형질 내부로 침입하여 세포 원형질 내부에 결빙을 유발하는데, 이를 세포 내 결빙이라고 한다.
• 세포 내 결빙이 생기면 원형질 구성에 필요한 수분이 동결하여 원형질단백이 응고하고 변화가 생겨서 원형질의 구조가 파괴되므로 세포는 즉시 동사한다.

01 농약 살포 방법 중 1) 살분법과 2) 관주법의 정의를 쓰시오.

정답

1) 살분법 : 살분기를 이용하여 분제 농약을 살포하는 방법
2) 관주법 : 토양 병해충의 방제를 위하여 약제 희석액을 뿌리 근처 토양에 주입하는 방법

02 1) 요수량과 2) 증산능률의 정의를 쓰시오.

정답

1) 요수량 : 건물 1g을 생산하는 데 소요되는 수분량
2) 증산능률 : 일정을 수분을 증산하여 축적된 건물량

03 다음 ( )에 들어갈 알맞은 말을 쓰시오.

식물이 광 자극에 의하여 광이 조사되는 방향으로 휘어지는 성질을 (①)이라 한다. 줄기와 잎은 빛의 방향을 따라 자라는데, 빛을 받는 쪽의 옥신 농도가 반대편보다 (②)지기 때문이다.

정답

1) 굴광성
2) 낮아

해설

빛을 받는 쪽의 옥신 농도가 반대편보다 낮아지기 때문에 식물은 빛이 있는 방향으로 굽어 자라게 된다.

04 1) 토양용기량과 2) 최소용기량의 정의를 쓰시오.

정답

1) 토양용기량 : 토양의 용적에 대한 공기로 차 있는 공기용적의 비율
2) 최소용기량 : 토양수분 함량이 최대용수량에 달했을 때의 용기량

05 다음은 대기의 조성에 대한 설명이다. (   )에 들어갈 알맞은 비율을 골라 쓰시오.

> 1) 대기 중 질소는 약 (98 / 78 / 12)%이다.
> 2) 대기 중 산소는 약 (21 / 7 / 3)%이다.

정답

1) 78, 2) 21

해설

지구의 대기는 질소 약 78%, 산소 약 21%, 아르곤 약 0.93%, 이산화탄소 약 0.04%이다. 이산화탄소는 지구온난화로 기존 0.035% 보다 높아졌다.

06 다음에서 설명하는 식물병명을 [보기]에서 골라 쓰시오.

 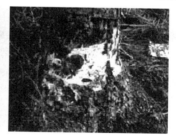

- 학명은 *Armillaria* spp.이다.
- 잣나무 조림지에 고사목이 발생하고 있다.
- 나무가 고사하면 껍질이 벗겨진다.

┌ 보기 ┐

갈색무늬구멍병   아밀라리아뿌리썩음병   모무늬병

정답

아밀라리아뿌리썩음병

해설

- 피해수종 : 침엽수, 활엽수를 가해하며, 최근에는 잣나무림에서 자주 관찰된다.
- 진단요령 : 고사목 주변으로 뽕나무버섯이 발생한다.

07 다음에서 설명하는 해충을 쓰시오.

- 나비목으로, 학명은 *Papiliio xuthus*이다.
- 애벌레가 운향과나 산향과 잎을 먹는다.
- 귤나무, 탱자나무, 황벽나무, 산초나무 등에 산란한다.

정답

호랑나비

08 1) 중성식물과 2) 정일성식물의 정의를 쓰시오.

정답

1) 중성식물 : 일장의 영향을 받지 않고 화성이 유도되는 식물
2) 정일성식물 : 좁은 범위의 특정한 일장에서만 화성이 유도되는 식물

09 풍해에 대비할 수 있는 재배적 대책 2가지를 쓰시오.

정답

- 내풍성 작물 선택
- 내도복성 품종 선택
- 조기재배 등을 통한 작기 이동
- 태풍이 불 때 논물을 깊이 대 도복과 건조 경감
- 배토와 지주 및 결속
- 질소질 비료를 줄여 웃자람을 줄이고 생육을 건실하게 함
- 사과의 경우 낙과방지제를 수확 25~30일 전 처리

10 해충 조사 방법 중 <u>1) 먹이트랩</u>과 <u>2) 흡충기</u>의 정의를 쓰시오.

정답

1) 먹이트랩 : 미끼를 이용하여 해충의 밀도를 조사하는 방법이다.
2) 흡충기 : 공기흡입력을 이용하여 해충을 빨아들이는 방법으로 미소해충의 조사에 유용하다.

11 다음은 내습성 작물의 특성에 대한 설명이다. (   )에 들어갈 알맞은 말을 골라 순서대로 쓰시오.

> 1) 황화수소 저항성이 (높다 / 낮다).
> 2) 뿌리가 (얕게 / 깊게) 발달해 부정근의 발생 높다.

정답

1) 높다, 2) 얕게

해설

내습성 작물의 특징
• 경엽에서 뿌리로 산소를 공급하는 통기조직이 발달하여 산소를 잘 공급할 수 있다.
• 뿌리조직의 목화정도가 크며 이로인해 환원성 유해물질의 침입을 막는다.
• 뿌리가 얕게 발달하여 부정근의 발생력이 높다.
• 황화수소와 같은 환원성 유해물질에 대한 저항성이 높다.

12 다음 중 플루톨라닐 유제가 속하는 종류를 골라 쓰시오.

살충제	살균제	제초제

정답

살균제

해설

벼 잎집무늬마름병, 타 작물 균핵병 등에 사용되는 살균제

13 수목 병해충의 기계적, 생물적 방제법을 각각 1가지씩 쓰시오.

정답
- 기계적 방법 : 포살법, 유살법, 소각법, 매몰법, 박피법, 파쇄, 제재법, 진동법, 차단법
- 생물적 방법 : 포식성 천적, 기생성 천적, 곤충병원성 미생물, 곤충기생성 선충

14 다음은 수목 병해의 발생에 대한 설명이다. ( )에 들어갈 알맞은 말을 쓰시오.

> 병원체가 기주 수목과 접촉하여 침입하는 것을 (①)이라 하고, 병 변화와 병원체 생장 및 증식 시
> (②)이 발현한다.

정답
① 감염, ② 병징

해설
병의 진전단계
접촉 → 침입 → 기주인식 → 감염 → 침투 → 정착 → 병원체의 생장 및 증식 → 병징발현

15 다음은 수목 병해충의 기계적 방제법에 대한 설명이다. 각 설명에 해당하는 방제법을 쓰시오.

> 1) 해충이 들어있는 목재를 땅속에 묻어서 죽이거나 성충이 우화하더라도 탈출하지 못하게 하는 방법
> 2) 목재의 수피를 제거하여 목재에 산란하는 해충의 산란을 저지하거나 수피 아래에서 서식하는 해충을
>   노출시켜 방제하는 방법

정답
1) 매몰법
2) 박피법

16 다음에서 설명하는 동상해 응급대책 방법을 쓰시오.

> 1) 이엉, 거적, 비닐, 폴리에틸렌 등으로 작물체를 직접 피복하면 작물체로부터 방열을 방지한다.
> 2) 불을 피우고 연기를 발산해 방열을 방지함으로써 서리의 피해를 방지하는 방법으로 약 2℃ 정도의 온도가 상승한다.

정답

1) 피복법
2) 발연법

해설

동상해 응급대책 방법

- 관개법 : 저녁에 관개하면 물이 가진 열이 토양에 보급되고 낮에 더워진 지중열을 빨아올려 수증기가 지열의 발산을 막아서 동상해를 방지
- 송풍법 : 동상해가 발생하는 밤의 지면 부근의 온도 분포는 온도 역전현상으로 지면에 가까울수록 온도가 낮음, 송풍기 등으로 기온역전층을 파괴하면서 작물 부근의 온도를 높여 상해를 방지
- 피복법 : 이엉, 거적, 비닐, 폴리에틸렌 등으로 작물체를 직접 피복하면 작물체로부터 방열 방지
- 발연법 : 불을 피우고 연기를 발산해 방열을 방지함으로써 서리의 피해를 방지하는 방법으로 약 2℃ 정도의 온도가 상승한다.
- 연소법 : 낡은 타이어, 뽕나무 생가지, 중유 등을 태워서 그 열을 작물에 보내는 적극적인 방법으로 -3~-4℃ 정도의 동상해를 예방
- 살수결빙법 : 물이 얼 때 1g당 약 80cal의 잠열이 발생되는 점을 이용해 스프링클러 등의 시설로써 작물체의 표면에 물을 뿌려 주는 방법으로 -7~-8℃ 정도의 동상해를 막을 수 있고 저온이 지속되는 동안 지속적인 살수가 필요

17 물 20L당 유제 34mL의 비율로 희석하여 액량 500mL로 살포하려 할 때 필요한 농약량(mL)을 구하시오(비중은 1.0).

정답

20L(20,000mL) : 34mL = 500mL : 농약량

∴ 농약량 = 34 × 500/20,000 = 0.85mL

18 다음은 식물의 병징에 대한 설명이다. (   )에 들어갈 알맞은 말을 쓰시오.

> • (①)은 국부병징으로 병든 부위에 움푹 들어간 형태로 나타나며, 주변 조직이 변색되거나 썩어들어가는 모습이 보기이도 한다.
> • (②)병, 파이토플라스마병은 성장 감소에 따른 위축 등의 전신병징이 나타난다.

정답

① 궤양, ② 바이러스

19 식물의 주요 온도 중 1) 적산온도와 2) 유효온도의 정의를 쓰시오.

정답

1) 적산온도 : 작물이 일생을 마치는 데 소요되는 총온량으로, 작물의 발아로부터 성숙에 이르기까지 0℃ 이상의 일평균기온를 합산
2) 유효온도 : 작물의 생육이 가능한 범위의 온도

20 수간주사의 1) 정의와 2) 장점 2가지를 쓰시오.

정답

1) 정의 : 줄기에 구멍을 뚫어 물관에 직접 약제를 주입하는 방법
2) 장점
    • 1회 투입으로 연중 지속적인 방제 및 예방 효과나 나타난다.
    • 방제 후 별도의 추가 작업과 부대비용이 발생하지 않는다.
    • 나무의 높이가 높아 살포 방제를 진행하기 어려운 나무에도 안정된 방제 효과가 있다.

01 농약 살포 방법 중 1) 분무법과 2) 미스트법의 정의를 쓰시오.

정답

1) 분무법 : 다량의 액제 살포 시 분무기를 이용하는 방법
2) 미스트법 : 미스트기로 만든 미립자를 살포하는 것

해설

1) 분무법
   • 다량의 액제 살포 시 분무기를 이용하는 방법
   • 유제, 수화제, 수용제 같은 약제를 물에 섞어 분무기로 가늘게 살포함
   • 비산에 의한 손실이 적음
   • 작물에 부착성 및 고착성이 좋음
   • 입자의 지름 0.1~0.2mm(100~200μm)
2) 미스트법
   • 미스트기로 만든 미립자를 살포하는 방법
   • 살포량이 분무법의 1/3~1/4 정도지만 농도는 2~3배 높음
   • 입자의 지름 0.035~0.1mm
   • 용수가 부족한 곳에 적합, 살포 시 시간, 노력, 자재 절감
   • 살포 시 분무입자에 대한 운동에너지가 높아 작물체에 입자의 부착 및 확전 효과도 높아 약해가 적은 편임

02 물 20L당 유제 10.5mL의 비로 희석하여 액량 500mL로 살포하려 할 때 필요한 농약량(mL)을 구하시오(단, 소수점 셋째자리에서 반올림할 것).

정답

20,000mL : 10.5mL = 500mL : 농약량
∴ 농약량 = 10.5 × 500/20,000 = 0.26mL

03 다음 중 프레틸라클로르 유제가 속하는 종류를 골라 쓰시오.

살충제	살균제	제초제

정답

제초제

해설

벼의 일년생 잡초 방제에 사용되는 제초제

04 수목 병해충 발생예찰의 정의를 쓰시오.

정답

병해충이 발생한 지역과 확산 우려지역에 대하여 발생 여부, 발생정도, 피해상황 등을 조사하거나 진단하는 것을 말한다.

05 다음에서 설명하는 식물병명을 [보기]에서 골라 쓰시오.

- 주로 *Colletotrichum*속의 곰팡이(진균)에 의해 발생한다.
- 잎과 열매에 어린나무뿐만 아니라 큰 나무에도 나타난다.
- 개암나무에 발생하고 있는 병해 중 피해가 가장 크다.

┤보기├

이삭도열병	탄저병	줄무늬병

정답

탄저병

06 다음은 가지치기에 대한 설명이다. ( )에 들어갈 알맞은 말을 쓰시오.

> • 자연표적 가지치기란 줄기와 가지의 결합 부위에 있는 (①)을 자연표적으로 가지나 줄기를 절단하는 가지치기를 말한다.
> • 가지치기의 적절한 시기는 (②) 상태에 있는 늦겨울이 적당하다.

정답

① 지피융기선, ② 휴면

해설

① 지피융기선과 지륭선을 파괴하지 않고 절단해야 유상조직(캘러스)이 빨리 형성되어 나무의 상처 부위의 분화구가 잘 형성된다.
② 가지치기의 적절한 시기는 휴면상태에 있는 늦겨울이 적당하다.

07 다음에서 설명하는 해충을 [보기]에서 골라 쓰시오.

> • 학명은 *Gastrolian depressa* Baly이다.
> • 몸 색깔은 갈색이고, 생김새는 다소 굽은 C자 모양이다.
> • 연 1회 발생하며, 월동한 성충이 5월 초순부터 출현하여 집단으로 기주식물 잎을 가해한다.
> • 가래나무, 왕가래나무, 호두나무 등을 기주로 한다.

┌ 보기 ┐

파밤나방   호두나무잎벌레   톱니사슴벌레

정답

호두나무잎벌레

해설

호두나무잎벌레(*Gastrolian depressa* Baly)
• 연 1회 발생하며 6월 하순에 우화한 신성충은 이듬해 4월까지 낙엽 밑이나 수피 틈에서 성충태로 월동한다.
• 성충의 몸길이는 7~8mm이며 흑남색이고, 가슴 양편은 등황색이다.
• 유충의 몸길이는 10mm 정도이고 유령기일 때는 전체가 검은색이나 머리는 검은색, 몸은 암황색이 된다.

08 토양수분에서 1) 지하수와 2) 초기위조점의 정의를 쓰시오.

정답

1) 지하수 : 지하에 정체하여 모관수의 근원이 되는 물을 말한다. 지하수위가 낮으면 토양이 건조하기 쉽고, 높으면 과습하기 쉽다
2) 초기위조점 : 토양 중의 수분이 서서히 감소하면서 식물이 시들기 시작하는 때의 토양의 수분 함량을 말한다.

09 1) 장일식물과 2) 정일성식물의 정의를 쓰시오.

정답

1) 장일식물 : 12~14시간 이상(보통 14시간 이상)에서 화성이 유도되는 식물
2) 정일성식물 : 좁은 범위의 특정한 일장에서만 화성이 유도되는 식물

10 다음 ( )에 들어갈 알맞은 말을 쓰시오.

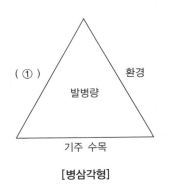

[병삼각형]

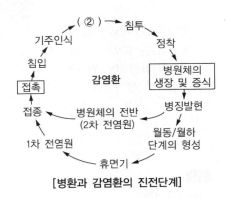

[병환과 감염환의 진전단계]

정답

① 병원체, ② 감염

해설

• 병삼각형 : 병원체, 기주 수목, 환경
• 병환과 감염환의 진전단계 : 기주인식 → 감염 → 침투

11 1) 외견상광합성과 2) 광포화점의 정의를 쓰시오.

정답

1) 외견상광합성 : 호흡으로 소모된 유기물(이산화탄소 방출)을 제외한 외견상으로 나타난 광합성을 말한다. 식물의 건물 생산은 진정광합성량과 호흡량의 차이, 즉 외견상광합성량에 의해 결정된다.
2) 광포화점 : 광도를 높일수록 광합성의 속도가 증가하는데 광도를 더 높여주어도 광합성량이 더 이상 증가하지 않는 광의 강도를 말한다.

12 음은 대기오염에 대한 설명이다. (   )에 들어갈 알맞은 말을 골라 쓰시오.

> 1) 고온다습한 환경에서는 식물의 대기오염 피해가 (크다, 작다).
> 2) 바람이 불지 않는 환경에서는 대기오염 피해가 (크다, 작다).

정답

1) 크다
2) 크다

해설

1) 고온은 식물의 기공 폐쇄를 유발하여 광합성과 호흡에 부정적인 영향을 미치고, 높은 습도는 미세먼지와 같은 입자상 물질의 응집을 촉진하여 농도를 증가시키는 등 고온다습한 환경은 대기 중 오염물질(예 오존, 이산화황 등)의 화학적 반응을 촉진하여 식물의 대기오염 피해가 높아진다.
2) 바람이 불지 않는 환경에서는 대기가 정체되어 오염물질이 분산되지 않고 축적되므로 식물이 더 많은 오염물질에 노출되게 하여 피해를 심화시킨다.

13 해충 조사 방법 중 1) 먹이트랩과 2) 흡충기의 정의를 쓰시오.

정답

1) 먹이트랩 : 미끼를 이용하여 해충의 밀도를 조사하는 방법이다.
2) 흡충기 : 공기흡입력을 이용하여 해충을 빨아들이는 방법으로 미소해충의 조사에 유용하다.

14 수목 병해충 방제 방법 중 1) 매몰법과 2) 포식성 천적 이용법의 정의를 쓰시오.

정답

1) 매몰법 : 해충이 들어 있는 목재를 땅속에 묻어서 죽이거나 성충이 우화하더라도 탈출하지 못하게 하는 방법
2) 포식성 천적 이용법 : 살아있는 곤충을 잡아먹는 포식성 천적을 이용하여 방제하는 방법

15 수목 해충 중 1) 천공성 해충과 2) 단식성 해충의 정의를 쓰시오.

정답

1) 천공성 해충 : 수목의 줄기나 가지에 산란된 알에서 부화한 유충이 수목의 목질부를 가해하거나 성충이 줄기나 가지에 구멍을 뚫고 들어가 가해하는 해충
2) 단식성 해충 : 단식성(monophagous) 해충은 한 종(species)의 수목만 가해하거나 같은 속(genus)의 일부 종만 기주로 하는 해충

16 관개 방법 중 1) 고랑관개와 2) 일류관개의 정의를 쓰시오.

정답

1) 고랑관개 : 포장에 이랑을 세우고 고랑에 물을 흘려서 대는 방법
2) 일류관개 : 등고선을 따라 수로를 내고 임의의 장소로부터 월류(넘쳐서 흐름)하도록 하는 방법

17 다음 ( )에 들어갈 알맞은 말을 [보기]에서 골라 쓰시오.

볕뎀(sunscald)에 강한 수종에는 (①), 소나무 등이 있고, 약한 수종에는 (②), 버즘나무 등이 있다.

┤보기├
오동나무   굴참나무

정답

① 굴참나무, ② 오동나무

해설

• 볕뎀에 강한 수목 : 주로 잎이 작은 수목 예 참나무, 굴참나무, 소나무, 잣나무, 상수리나무 등
• 볕뎀에 약한 수목 : 주로 잎이 큰 수목 예 벚나무, 오동나무, 버즘나무 등

18 다음은 내습성 작물의 특성에 대한 설명이다. (   )에 들어갈 알맞은 말을 골라 순서대로 쓰시오.

> 1) 황화수소 저항성이 (높다 / 낮다).
> 2) 뿌리가 (얕게 / 깊게) 발달해 부정근의 발생 높다.

정답

1) 높다, 2) 얕게

해설

내습성 작물의 특징
• 경엽에서 뿌리로 산소를 공급하는 통기조직이 발달하여 산소를 잘 공급할 수 있다.
• 뿌리조직의 목화정도가 크며 이로인해 환원성 유해물질의 침입을 막는다.
• 뿌리가 얕게 발달하여 부정근의 발생력이 높다.
• 황화수소와 같은 환원성 유해물질에 대한 저항성이 높다.

19 과수의 풍해 피해 중 기계적 피해 2가지를 쓰시오.

정답

낙엽, 낙화, 낙과, 가지나 줄기의 부러짐, 쓰러짐 등

20 다음 수종을 내한성과 비내한성으로 분류하여 쓰시오.

곰솔	자작나무	벽오동	사시나무

정답

• 내한성 : 사시나무, 자작나무
• 비내한성 : 곰솔, 벽오동

해설

• 내한성 : 사시나무, 자작나무, 오리나무, 가문비나무, 느티나무, 소나무, 잣나무, 전나무, 잎갈나무, 백송, 살구나무, 버드나무
• 비내한성 : 곰솔, 금송, 히말라야시다, 삼나무, 사철나무, 오동나무, 편백, 가이즈카향나무, 능소화, 대나무류, 피라칸다, 벽오동, 자목련

참 / 고 / 문 / 헌

- 삼고 재배학원론, 박순직, 향문사(2006)
- 식량작물 병해충 잡초 진단과 방제, 농업과학기술원 지음, 농경과원예(2006)
- 식물보호기사·산업기사 필기 한권으로 끝내기, 박정호, 시대고시기획(2025)
- 식물병리학, 성인석, 선진문화사(1997)
- 식물병리학, 이두형 외, 우성문화사(1996)
- 식물병리학, GEORGE. N. AGRIOS 지음, 고영진 외 옮김, 월드사이언스(2006)
- 식물병리학(신고), 박종성, 향문사(2000)
- 신 식물병리학, 김종완, 대구대학교출판부(2005)
- 신고 해충학, 백운하 외, 향문사(1999)
- 위생곤충학, 김관천 외, 신광문화사(2007)
- 잡초방제의 이론과 실제, 김성문 외, 강원대학교출판부(1999)
- 잡초방제학(신고), 구자옥 외, 향문사(1998)
- 재배학, 서준한, 지샘(2003)
- 재배학 핵심기출 예상문제집, 최상민, 시대고시기획(2009)

사 / 진 / 출 / 처

- 국가표준식물목록 http://www.nature.go.kr
- 국가농작물병해충관리시스템 https://ncpms.rda.go.kr
- 농약안전정보시스템 https://psis.rda.go.kr
- 농촌진흥청 농업기술포털 농사로 http://www.nongsaro.go.kr
- 산림청 https://www.forest.go.kr

식물보호기사·산업기사 실기 한권으로 끝내기

초 판 발 행	2025년 04월 10일 (인쇄 2025년 02월 24일)
발 행 인	박영일
책 임 편 집	이해욱
편 저	박정호
편 집 진 행	윤진영·장윤경
표 지 디 자 인	권은경·길전홍선
편 집 디 자 인	정경일·이현진
발 행 처	(주)시대고시기획
출 판 등 록	제10-1521호
주 소	서울시 마포구 큰우물로 75[도화동 538 성지 B/D] 9F
전 화	1600-3600
팩 스	02-701-8823
홈 페 이 지	www.sdedu.co.kr
I S B N	979-11-383-8839-9(13520)
정 가	20,000원

산림/조경/농림 **국가자격 시리즈**

산림기사 · 산업기사 필기 한권으로 끝내기	4×6배판 / 45,000원
산림기사 필기 기출문제해설	4×6배판 / 24,000원
산림기사 · 산업기사 실기 한권으로 끝내기	4×6배판 / 25,000원
산림기능사 필기 한권으로 끝내기	4×6배판 / 28,000원
산림기능사 필기 기출문제해설	4×6배판 / 25,000원
조경기사 · 산업기사 필기 한권으로 합격하기	4×6배판 / 42,000원
조경기사 필기 기출문제해설	4×6배판 / 37,000원
조경기사 · 산업기사 실기 한권으로 끝내기	국배판 / 41,000원
조경기능사 필기 한권으로 끝내기	4×6배판 / 29,000원
조경기능사 필기 기출문제해설	4×6배판 / 26,000원
조경기능사 실기 [조경작업]	8절 / 27,000원
식물보호기사 · 산업기사 필기 한권으로 끝내기	4×6배판 / 37,000원
식물보호기사 · 산업기사 실기 한권으로 끝내기	4×6배판 / 20,000원
5일 완성 유기농업기능사 필기	8절 / 20,000원
농산물품질관리사 1차 한권으로 끝내기	4×6배판 / 40,000원
농산물품질관리사 2차 필답형 실기	4×6배판 / 31,000원
농 · 축 · 수산물 경매사 한권으로 끝내기	4×6배판 / 40,000원
축산기사 · 산업기사 필기 한권으로 끝내기	4×6배판 / 36,000원
축산기사 · 산업기사 실기 한권으로 끝내기	4×6배판 / 28,000원
가축인공수정사 필기 + 실기 한권으로 끝내기	4×6배판 / 35,000원
Win-Q(윙크) 화훼장식기능사 필기	별판 / 22,000원
Win-Q(윙크) 유기농업기사 · 산업기사 필기	별판 / 35,000원
Win-Q(윙크) 유기농업기능사 필기 + 실기	별판 / 29,000원
Win-Q(윙크) 종자기능사 필기	별판 / 24,000원
Win-Q(윙크) 원예기능사 필기	별판 / 25,000원
Win-Q(윙크) 버섯종균기능사 필기	별판 / 21,000원
Win-Q(윙크) 축산기능사 필기 + 실기	별판 / 24,000원
조경기능사 필기 가장 빠른 합격	별판 / 25,000원
유기농업기능사 필기 + 실기 가장 빠른 합격	별판 / 32,000원
기출이 답이다 종자기사 필기 [최빈출 기출 1000제 + 최근 기출복원문제 2개년]	별판 / 28,000원

산림 · 조경 국가자격 시리즈

산림기능사 필기 한권으로 끝내기
최근 기출복원문제 및 해설 수록
- 빨리보는 간단한 키워드 : 시험 전 필수 핵심 키워드
- 최고의 산림전문가가 되기 위한 필수 핵심이론
- 적중예상문제와 기출복원문제를 자세한 해설과 함께 수록
- 4×6배판 / 592p / 28,000원

산림기사 · 산업기사 필기 한권으로 끝내기
최근 기출복원문제 및 해설 수록
- 핵심이론 + 기출문제 무료 특강 제공
- 〈핵심이론 + 적중예상문제 + 과년도, 최근 기출복원문제〉의 이상적인 구성
- 농업직 · 환경직 · 임업직 공무원 특채 응시자격 및 공채시험 가산점 인정
- 기사 20학점, 산업기사 16학점 인정
- 4×6배판 / 1,232p / 45,000원

식물보호기사 · 산업기사 필기 한권으로 끝내기
- 한권으로 식물보호기사 · 산업기사 필기시험 대비
- 〈핵심이론 + 적중예상문제 + 과년도, 최근 기출복원문제〉의 최적화 구성
- 농업직 · 환경직 · 임업직 공무원 특채 응시자격 및 공채시험 가산점 인정
- 기사 20학점, 산업기사 16학점 인정
- 4×6배판 / 980p / 37,000원

이론부터 **기출특강**까지 | 단계적으로 진행되는 **커리큘럼**

식물보호기사

필기+실기 합격반

동영상 강의

유망 자격증

합격을 위한 동반자,
시대에듀 동영상 강의와 함께하세요!

수강회원을 위한 **특별한 혜택**

모바일 강의 제공
이동 중 수강이 가능!
스마트폰 스트리밍 서비스

기간 내 무제한 수강
교재포함 기간 내 강의
무제한 반복 수강!

1:1 맞춤 학습 관리
온라인 피드백 서비스로
빠른 답변 제공

전략적 학습 커리큘럼
핵심 과정만을 설계한
전략적 커리큘럼 제공

※ 강의 커리큘럼 및 혜택은 변동될 수 있습니다.